숲속 수의사의 자연일기

• **일러두기**
1. 이 책은 《오호츠크의 12개월オホーツクの十二か月》(2006)을 번역, 출간한 것으로 출간 당시의 홋카이도의 생태 환경과 상황은 지금과 다를 수 있습니다.
2. 이 책의 모든 주는 옮긴이 주이며, 글줄 중앙에 맞추어 표기했습니다.

숲속 수의사의
자연일기

다케타즈 미노루 지음 · 김창원 옮김

프롤로그

　나는 어릴 때부터 무엇이든지 보는 것을 좋아했습니다. 특히 초등학교 때는 곤충이 좋아서 시간만 있으면 그것들을 쫓아다녔습니다.
　등굣길에 길가에서 개미들이 줄지어 지나가는 것을 시간 가는 줄 모르고 보다가 그만 지각해서 복도에서 벌을 선 일도 여러 번이었습니다. 한번은 넋을 잃고 개미를 보다가 수업 시간이 두 시간이나 지난 것을 뒤늦게 깨닫고는 아예 등교를 포기하고 그대로 개미굴 앞에 앉아 버렸다가 동네 아저씨한테 들켜 혼이 났습니다. 그날 밤 이야기를 전해 들은 어머니는 몹시 화가 나서 나를 뒷마당에 벌 세웠습니다. 어둠 속에서 울먹이면서도 낮에 본 개미들의 행렬을 머릿속에 떠올렸습니다. 지금도 그때를 생각하면 웃음이 절로 납니다.

　숙제가 거의 없던 당시의 여름 방학에는 시간이 얼마든지 있었습니다. 집 안에 있으면 방이 더러워진다며 어머니는 큰비가 아니면 "아이들은 밖에서 살아야 해, 나가서 놀아라"라며 내쫓았으므로 얼씨구나 하고 아침부터 밤까지 흙투성이가 되어 놀았습니다.

 학교가 산 위에 있었기 때문에 그곳에 가려면 숲속을 지나야 했습니다. 여름에는 숲속에 매미들이 득실거려서 잡아도 잡아도 샘솟듯 나타났습니다. 그래서 친구하고 누가 많이 잡는지 경쟁을 벌이기도 했습니다. 언젠가 잡은 왕매미의 한쪽 날개를 뜯어내고 하늘로 던져 올려서 얼마나 멀리 날아가는지를 겨룬 적이 있었습니다. 그러나 그 잔인한 장난은 오래가지 않았습니다. 나중에는 왠지 측은하고 서글픈 생각이 들어서 엉엉 울고 그만뒀기 때문입니다. 엉덩이에 밀짚을 꽂아 공기를 불어넣어 배를 불린 개구리가 얼마나 헤엄치는지 보는 잔인한 놀이도 마찬가지로 오래가지 않았습니다.

 언제부턴가 본 것을 적어 둘 노트가 필요하게 되었습니다. 처음에는 학교에서 쓰는 노트 한구석에 몇 자 끼적이는 정도였지만 어느 날부터는 본 내용을 적어 두는 전용 노트를 가지게 됐습니다. 본 것은 무엇이든지 다 적었습니다. 학교 가는 길에 눈에 뜨인 개미굴의 수, 무당거미의 거미줄 수, 산나리 꽃의 수, 매미의 허물 수….

 여름 방학에는 당시에도 '자유 연구'라는 숙제가 있었습니다. 다른 친구들은 곤충 채집을 해 왔는데 나는 노는 데에 정신이 팔려서 아무것도 준비한 것이 없었습니다. 그래서 급한 김에 그 노트를 그대로 선생님께 제출했습니다. 노트 표지에는 '여름 방학의 관찰'이라고 적은 기억이 납니다. 그 뒤에 선생님께 불려 가서 "너 참, 숙제를 잘했구나!"라고 칭찬을 받아 여우한테 홀린 기분이었습니다. 게으르다고 혼이 날 줄만 알았으니까요.

 '본다는 것'에 기록이 덧붙여지면서 나의 삶 속에 관찰, 즉 '보는 놀이'가 더해졌습니다. 다시 오랜 세월이 흘러 거기에 동물의 몸을 치료하는 진찰이 덧붙여졌습니다. 기회가 와서 대학에 다니게 되었고 어찌어찌하다가 동물원의 원장이 되기로 마음먹고 수의학을 전공했습니다. 그러나 동물원 원장은 되지 못하고 산업동물이라고 부르는 말과 소, 돼지나 닭 등을 보는 수의사가 되었습니다. 이것은 농업이라는 산업의 한 분야에 속하는 일입니다.
 나는 나고 자란 규슈의 오이타현에서 가장 멀리 떨어진 곳에서 근무하기를 바랐습니다. 아직 보지 못한 생물이 가장 많은 곳에 가고 싶었던 것입니다. 그 결과 홋카이도의 동부 고시미즈라는 곳의 진료소 수의사로 채용되어 가방 속에 청진기와 쌍안경, 노트를 넣고 북쪽 지방의 작은 마을로 향했습니다. 좋은 마을이었습니다. 좋은 사람들도 있었습니다. 그리고 한가했습니다. 그 당시 겨울의 적설기에는 차로-그래 봐야 오토바이였지만-갈 수 없는 곳은 말이 끄는 썰매로 다녔습니다. 한가롭게 그걸 타고 여기저기 쌍안경으로 구경하는 즐거움을 누렸었죠.

어느 해부터인가 상처 입은 야생동물까지 보게 되었습니다. 장기 입원 환자를 치료하고 돌보는 일을 시작한 지도 벌써 30년이 지났습니다. 이 책은 40여 년에 걸쳐 이런저런 일들을 통해 경험한 홋카이도 동부의 자연에 대한 보고서입니다. 또한 보는 즐거움에 대한 기록이기도 합니다.

다케타즈 미노루

차
례

프롤로그 4

4월 10
우리 집의 한 해는 새끼 바다표범 기르기로 시작된다

5월 38
우리는 헬렌과의 이별을 준비하고 있었다

6월 63
산나물과 함께 찾아온 진료소 손님들

7월 84
자연을 있는 그대로 연출하는 시레토코

8월 105
녹색의 회랑 속에서 드라마는 펼쳐진다

9월 128
낙엽 밑에는 하늘의 별보다 많은 생물이 살고 있다

10월 149
선생님, 야생동물이 그렇게 좋아요?

11월 168
흙을 만들고, 그 흙으로 살아가는 사람들

12월 193
큰곰은 동면 중, 이 고장 사람들은 반동면 중

1월 218
새해도 우글거리는 식객과 함께

2월 239
지독하게 추워도 사랑은 해야지

3월 262
우리의 평범한 일이 숲을 우거지게 할 거야

에필로그 284
옮긴이의 말 288

4월
우리 집의 한 해는
새끼 바다표범 기르기로 시작된다

창밖에 보이는 고로쇠나무가 찻집 문을 닫기로 정한 것 같다. 문을 연 것이 2월이니까 두 달 동안의 아주 짧은 영업이었다.

개점 당일의 날씨는 따뜻했다. 오색딱따구리가 찻집을 열었다. 아니 그보다는 오색딱따구리가 나무껍질의 갈라진 작은 틈새에서 배어 나오는 수액을 찾았다고 하는 것이 더 정확한 설명이겠다. 그 뒤에 찾아든 다른 한 마리가 수액의 양이 적다며 날카로운 주둥이로 그곳을 톡톡 쪼아서 생채기를 크게 만들었다. 그랬더니 이번에는 수액이 너무 많이 나와서 그 밑으로 나무껍질을 40센티미터나 거무죽죽하게 물들이며 한동안 계속 흘러내렸다. 같은 날 오후에는 동고비, 북방쇠박새까지 찾아와서 찻집 손님이 되었다. 곤줄박이 부부도 왔다.

이튿날 직박구리 두 마리가 찾아와서 반나절 내내 자리를 내주지 않고 뒤에 찾아온 작은 새들을 들어서는 족족 내몰았다. 그래도 오색딱따구리가 나타났을 때는 개점의 공로자라는 것을 인정한 건지 그때까지 독차지했던 자리의 한쪽을 양보했다. 마침내 욕심꾸러기 직박구리들이 찻집에서 나가자 동고비와 북방쇠박새 한 떼가 손님이 되었다. 저녁에는 박새도 찾아왔다. 되새들도 찾아와 한 줄로

고로쇠나무에 찻집을 차린 오색딱따구리.

늘어서서 차를 주문했다. 일주일이 지나자 땅딸보라고 불리는 오목눈이와 쇠딱따구리도 단골손님이 됐다.

찾아오는 손님이 많은 걸로 봐서 이 찻집의 차는 맛이 좋을 것 같다. 어느 날 나는 그 고로쇠나무에 올라가 보았다. 흘러내리는 수액에 코를 갖다 대고 냄새를 맡아 보니 풀 냄새가 약간 날 뿐이었다. 그래서 이번에는 혀끝으로 핥아 보았다. 빈말이라도 맛이 좋다고 할 수는 없었지만 그래도 풀 냄새 속에 약간 단맛을 느낄 수 있었다. 어디선가 맛본 것 같은 맛이다. 사람들이 상품화시키기 전의 메이플 시럽과 비슷했다. 하기는 단풍나무를 영어로 '메이플'이라고 하는데 고로쇠나무도 단풍나무 종류니까 토론토 특산품인 메이플 시럽의 원료가 창밖에 있는 것이다.

고로쇠나무한테는 미안하지만 단골손님들의 사진을 찍어 두기 위해 창 가까이로 뻗은 나뭇가지 껍질에 칼로 작은 생채기를 냈다. 찻집의 분점을 낸 셈이다. 풀 냄새 나는 시럽이 주루룩 흘러내려 그때부터 한 달 남짓 책상에 앉은 채로 단골손님들의 얼굴을 보며 즐거운 시간을 가질 수 있었다.

며칠 전부터 갑자기 손님들의 발길이 뜸해졌다. 오늘은 아침부터 한 손님도 오지 않았다. 자세히 살펴보니 수액이 한 방울도 안 보이는 것이 아닌가.

'그랬었군, 벌써 달력이 4월을 알리고 있었구나.'

• • •

해 질 녘 저녁에 도쿄에서 친구가 찾아왔다. 유빙流氷, 바닷물이 언 얼음 덩어리이 아직도 남아 있냐고 묻기에 함께 나가 보았다. 아직 있었다.

이 고장에서는 유빙에 대해 이야기할 때 '와서, 있다가, 돌아간다'는 표현을 쓴다. 그런데 그날의 유빙은 돌아가는 것이 늦어진 것들뿐이니 '있다'고 하기에는 좀 뭣했다. 모래사장에 주저앉아서 '어떻게 하지?' 하고 고민하는 놈도 있고 반쯤 바다 속에 몸을 담근 채 '빨리 돌아가게 해 줘!'라고 외치는 놈도 있다. 가는 겨울을 아쉬워하며 출렁이는 파도에 몸을 맡기고 모래 위를 푸드덕거리며 구르는 놈도 있다. 붉은 저녁노을에 온몸을 물들여 불덩어리가 된 놈도 있었다.

그때 큰 파도가 밀어닥쳤다. '쏴아' 하는 파도 소리에 섞여 유빙의 소리가 들려왔다.

"꺼꺼꺼껑, 꺼꺼꺼꺼꺼—엉."

숙부드러운 소리였다. 붉은여우의 짝짓기 소리 같았다. 한겨울의 애절한 울음소리 같았다. 유빙도 봄이 반가운 것인가? 친구는 "유빙이 내는 소리에는 일종의 에로티시즘이 있는걸" 하며 그럴듯한 표현을 했다.

해가 서쪽 언덕으로 떨어지자 기온이 갑자기 내려가고 냉기가 정신을 번쩍 들게 했다. 파도에 흔들리던 작은 유빙이 보라색에서 푸른색으로 바뀌어 갔다. 다시 한바탕 파도가 밀려왔다.

"꺼꺼꺼꺼껑, 꺼꺼꺼꺼껑."

또 유빙이 울었다. 그러자 순식간에 모래사장 전체가 푸른 유빙들로 뒤덮였다. 청자색의 크고 작은 얼음덩어리가 해안을 메우고 있었다. 사파이어의 바닷가였다. 바다는 남아 있는 하늘의 햇빛을 빨아들여 봄의 마지막 하루를 장식하고 있는 것이다. 유빙 하나하나가 북쪽 바닷가의 사파이어가 되어…. 이것이 그해 유빙의 마지막 빛이었다.
 라디오에서는 저기압이 북쪽 해상을 통과한다고 알리고 있었다. 내일은 틀림없이 남풍이 불 것이다. 유빙을 데려가기 위해.
 "홋카이도 사람들은 보물섬에서 살고 있군."
 친구는 이 말을 남기고 도쿄로 돌아갔다.

• • •

 '대만 말썽꾸러기가 발달해서 북상 중'이라는 뉴스가 라디오에서 흘러나오면 우리 집 식구들은 모두 긴장한다. 이곳 사람들이 '대만 말썽꾸러기'라고 부르는 것은 이 계절이 되면 찾아오는 대만 부근에서 발생한 저기압을 가리킨다. 누가 이런 이름을 붙였는지는 모르지만 여하튼 그 저기압이 말썽인 것만은 틀림없다. 이것 때문에 우리 집에서는 어김없이 소동을 치러야 하니까.
 오호츠크해에 사는 바다표범에게 유빙은 '얼음의 요람'이다. 이맘때면 바다표범들이 새끼를 낳는데, 유빙 위에서 낳는 것과 바닷가 암초 위에서 낳는 것이 있다. 앞의 경우에는 새끼의 털이 희고 뒤의 경우에는 쥐색이다.
 말썽꾸러기 저기압이 북상하면 이 지방은 어김없이 폭풍우에 휩싸인다. 밤중에 비바람이 바다를 아수라장으로 만들고 그런 폭풍우가 지나간 다음 날 아침이면 사람들은 서로 안부 인사를 주고받기에 바쁘다.
 이럴 때 "선생님, 큰일 났어요!" 하며 골판지를 안고 마을 사람들이 찾아오면 내 가슴은 철썩 내려앉는다. 그 골판지 안에는 모래와 바닷물로 뒤범벅이 된, 구지레한 몰골을 한 생물이 유리구슬 같은 눈으로 '미야-' 하고 울며 나를 쳐다본다. 골판지 안의 생물은 으레 새끼 바다표범이다.

오호츠크해 연안에 사는 사람들은 바다가 소란스러웠던 다음 날 아침은 무턱대고 바닷가로 나간다. 아침 산책을 위해 나가는 것이 아니다. 손에 비닐 주머니, 사내끼물에 뜬 고기를 건지는 도구, 고무옷 그리고 굵고 가는 각종 로프 등을 들고 나간다. 무엇 때문에 그런 것을 들고 나가냐고? 해안에 밀려온 온갖 물건들을 건지러 나가는 것이다. 가리비가 해변 10리에 걸쳐 쌓여서 그 일대가 온통 눈이 내린 듯 하얗게 된 적이 있었다. 사람들은 승용차와 트럭을 타고 현장에 모여들었고, 심지어는 트랙터를 몰고 온 통이 큰 사람도 있었다.

우리 집 현관에도 온갖 물건들이 쌓인다. 그 모두가 마을 사람들이 호의로 선물한 것인데 내 눈앞에 쌓이는 노획물은 현장에 달려간 사람들의 것보다 훨씬 많아서 이럴 때면 '대만 말썽꾸러기도 말썽만 부리는 것은 아니구나' 하는 마음이 든다. 고래가 파도에 떠밀려 왔으니 해체하자는 전화가 올 때도 있다. 언젠가는 러시아 배에서 흘러나온 재목이 있는데 쓰지 않겠느냐고 물어오는 전화에 놀란 적도 있다. 해변에 나가면서 가져가는 비닐 주머니와 사내끼는 조개를 담기 위해 그리고 로프는 재목이나 고래를 건지기 위해서다. 마을 사람들한테 들어서 안 일이지만 재목이나 고래는 '이것은 내가 주운 것'이라는 표시로 로프를 묶어 두면 그것으로 그 사람 것이 된다고 했다.

해안을 덮은 얼음 보석. 파도 소리는 공장의 기계 소리처럼 우렁차다.

바다표범과 아이가 서로 마주 보고 있다.

그리고 가끔 골판지 사건이 벌어진다. 유빙 위에서 태어난 새끼 바다표범이 밤중에 대만 말썽꾸러기 때문에 폭풍의 바다에서 풍랑을 맞고 어미와 떨어져 해변에 내던져진다. 제대로 된 어미라면 무슨 수라도 썼겠지만, 이런 우둔함은 사람도 마찬가지기 때문에 바다표범 어미만을 탓할 수는 없다. 아마 새끼가 해변에서 울부짖고 있을 즈음, 어미는 저 먼 바다에서 새끼를 찾아 헤맬 것이다. "아기야, 어디 있니?"라고 외치면서. 몇 시간 뒤 새끼는 어찌 된 일인지 우리 집 현관문을 두드린다.

이런 일이 한두 번도 아니고 내가 수의사라고 해서 다 살려 낼 수 있는 것도 아니니, 나는 이럴 때마다 곤혹스럽다. '어떻게 거절할까?' 하고 있는데 상대방의 머리는 나보다 몇 배 더 빨리 돌아간다. "선생님, 귀엽죠? 봐요, 웃었죠? 그럼 부탁해요!" 하며 손을 흔들고는 내 말이 나오기도 전에 돌아가 버린다. 나는 중얼거린다.

"맙소사! 바다표범이 웃는다고?"

그날부터 새끼 바다표범을 바다로 다시 돌려보낼 때까지 수개월은 나의 수난기다. 시간도 시간이려니와 얼마 되지도 않는 내 생활비도 축나고…. 그래도 제대로 자라서 바다로 돌아갈 수 있을 때는 그나마 다행이다. 가끔 내 방을 아수라장을 만들어 놓고 죽는 놈도 있으니까. 자연은 이런저런 메시지로 계절의 마디를 알린다. 우리 집 진료소의 한 해는 언제나 새끼 바다표범 기르기로 시작된다.

• • •

아이누족_{일본 홋카이도의 소수 민족}은 복수초 꽃이 피면 한 해가 시작된다고 한다. 그러니까 한 해의 첫 달은 4월이 되는 셈이다. 뜰에 있는 왕가래나무 밑의 복수초가 아침에 노란 꽃잎을 벌렸다. 몇 년 전에 한 뿌리만 심어 두면 봄이 오는 것이 즐거워진다며 농부 O씨가 심어 준 것이다.

복수초는 북쪽 지방에서는 가장 먼저 피는 꽃이다. 그래서 이 꽃을 보고 한 해가 시작한다고 생각한 아이누족의 마음을 이해할 수가 있다. 우리 집에서도 아이누족처럼 복수초 꽃이 피면 한 해가 시작되는 기분이다. 다만 우리가 그렇게 느끼는 것은 아이누족과는 달리 그저 식욕이 동한다는 얘기다.

한낮이 되어 현관에서 소리가 들렸다.

"꽃이 피었군!"

O씨의 목소리와 함께 산내음이 집 안 가득 퍼진다. 머위 새순의 향기다. O씨는 봄이면 어김없이 머위 새순을 들고 나타난다. 언제나 복수초 꽃이 필 무렵이다. 가지고 온 머위 새순으로 튀김을 하고 된장무침을 만들고 된장국에도 넣는다. 봄 향기가 입 안 가득해지고 곧 온몸에 퍼지는 느낌이다.

그리고 산나물의 계절이 시작된다. 복수초에 이어서 초원을 연보라색으로 물들이는 산현호색이 식탁 위에 오르고 갯방풍, 산마늘, 두릅, 쑥 그리고 땅두릅으로 이어진다. 요즘은 동의나물, 쐐기풀, 무늬둥굴레까지 끼어들어 맛보기에도 바쁘다. 그러나 역시 봄을 느끼게 하는 것은 머위 새순의 향기다. 복수초 꽃의 노란빛이 봄을 알리는 전령이라고 한다면 머위 새순의 향기는 봄을 실감케 한다.

이렇게 생각하면 우리 집에서도 4월은 한 해가 시작하는 달이다. 북쪽 고장의 원주민인 아이누족과 같은 마음이 될 수 있는 것

봄을 알리는 복수초가 보란 듯이 꽃을 피웠다.

이 정말 흐뭇하다. "강물이 미지근해지는 걸 보니 연어 낚시도 얼마 남지 않았군"이라 말하며 O씨는 돌아갔다.

• • •

오호츠크의 4월은 '말똥바람'이라는 강한 바람으로 시작된다. '양지바람'이라고도 부르는 국지풍으로 이 고장에서는 앞바다에 배를 내보내기 좋은 바람으로 통한다.

4월은 봄이 오락가락한다. 따뜻한 날씨로 종다리를 지저귀게 하더니, 다음 날 아침이면 눈이 10센티미터나 내려 사람들을 어리둥절하게 만든다. 사람들은 코트를 꺼냈다 넣었다, 난로의 화력을 높였다 낮췄다 하느라 이래저래 바쁘다. 이런 변덕은 오호츠크해도 마찬가지다. 북풍이 불면 바다는 유빙으로 새하얘지고 남풍이 불면 바다가 온통 밝은 푸른색으로 바뀐다. 유빙이 북쪽으로 쫓겨 가기 때문이다. 이때 부는 남풍이 바로 말똥바람이다.

예전에 말을 많이 기르던 이 지방에서는 어느 농가에서나 두서너 마리의 말을 키웠다. 농사일에 쓸 뿐만 아니라 물건을 사러 도회까지 갈 때도 말을 타고 다녔다. 말하자면 지금의 자동차와 같은 구실을 한 것이다. 당연한 일이지만 말들은 생리적으로 똥을 싼다. 때와 장소를 가리지 않고 길 한복판이든 가게 앞이든 면사무소 앞 광장이든 파출소 앞이든 버젓이 볼일을 본다. 그래서 어디나 말똥이 굴러다녔고 또 쌓여 있었다. 4월이면 불어오는 이 강한 남풍은 말똥을 굴려 사방으로 흩뜨렸다. 그래서 사람들은 이 바람을 '말똥바람'이라고 불렀다.

말똥바람이 불면 이 지방은 본격적인 봄에 접어든다. 왜냐하면

불어치는 말똥바람을 막아 내는 방풍림.

앞바다에 어슬렁거리고 있는 유빙들을 단숨에 바다 북쪽으로 밀어붙이기 때문이다. 북풍이 불더라도 다시 밀려오지 말라는 듯 멀리멀리 밀어붙인다. 그러는 한편 수십 센티미터 깊이로 얼었던 땅을 단숨에 녹여 버린다. 이렇게 되면 눈 녹은 물이 땅속 깊이 스며들 수 있게 되어 그때까지 질퍽거리던 봄철의 진창도 자취를 감춘다.

여기까지라면 말똥바람은 고맙기 그지없지만 때로는 골칫거리가 되기도 한다. 이 바람은 불었다 하면 분수를 지키지 않고 지나치게 불기 때문이다. 이맘때면 눈 녹은 물이 흙과 범벅이 되어 포장이 안 된 길은 가죽구두가 아니면 걷지를 못했다. 그러던 길이 말똥바람을 맞으면 하루 만에 흙먼지가 이는 길로 변한다. 이틀만 바람이 계속되면 밭의 흙이 날기 시작한다. 3일째면 온 천지의 흙을 하늘로 날리므로 차들은 대낮에도 라이트를 켜지 않고서는 다닐 수가 없다.

좀 부지런한 농부가 파종을 일찍 끝냈다가 '말짱 도루묵'이 되는 경우도 있다. 언젠가 수 헥타르나 되는 밭에 심은 씨감자가 모두 흙 속에서 드러나 머리를 내밀고 있는 것을 본 적이 있다. 심어 놓은 씨감자 위에 덮여 있던 수십 센티미터 두께의 흙이 깡그리 바람에 날아가 버린 것이다. 바람에 의한 자연재해는 이 지방에서 자주 일어나진 않는다. 그러나 이 말똥바람은 봄을 맞기 위한 통과의례이자 자연의 진통 같은 것이다.

• • •

4월 14일, 어부 M씨로부터 전화가 왔다. 올해 첫 고기잡이 그물을 내일 치게 될 것이라는 얘기였다.

작년 11월 중순에 얼어붙은 호수가 녹기 시작한 지 한 달이 지났다. 겨우내 사람들이 스노모빌을 타고 돌아다니고, 스키를 타고, 얼음에 구멍을 내서 빙어 낚시를 즐기던 빙판이 없어지는 날이다. 그날은 또한 북쪽으로 돌아가다가 영양 보충을 위해 잠시 머물러 있던 큰고니들이 북쪽을 향해 다시 하늘 여행을 시작하는 날이기도 하다.

둘레가 28.3킬로미터인 이 호수에서 일고여덟 집이 생활하고 있다. 빙어, 잉어, 숭어, 가자미 등을 잡는 것이 그들의 생업이다. 여느 업자들과 마찬가지로 이 얼마 안 되는 어부들 사이에서도 엄격히 지켜야 할 철칙이 있다. 호수가 녹기 시작하면 하루라도 빨리 그물을 치고 싶지만 동서로 길쭉한 호수에서는 얼음이 녹는 시기가 장소에 따라 열흘 이상 차이가 난다. '먼저 치는 사람이 제일이다'는 식은 용납되지 않는다. 그래서 조합원들이 모두 협의해서 그해의 그물 치는 날을 정하게 된다. 그날이 내일로 결정됐다는 연락이다. 이 무렵 호수에 머물고 있는 큰고니의 수는 3천 마리 가까이 되었다.

몇 차례의 말똥바람으로 이젠 수평선 저쪽까지 유빙은 보이지 않고 오호츠크해는 온통 밝고 짙푸르다. 며칠 전부터 큰고니들이 여러 번 북쪽을 향해 떠났지만 뒤를 따라나서는 무리가 없어서 그런지 다시 바다 위에 내려오거나 호수로 되돌아오고 있다. 번식지로 몹시 돌아가고 싶어 하는 것이리라.

다음 날 어부 M의 전화를 받고 촬영 준비를 했다. 그날 아침, 바람은 잔잔했다. 길 떠나기에는 좋은 날씨 같았는데 큰고니에게도

큰고니가 북쪽으로 떠나는 1년에 한 번 벌어지는 큰 행사.

그런지는 묻지 않아 모르겠다. 어쨌든 바람이 없으면 긴 망원렌즈를 쓰는 나로서 다시없는 좋은 촬영 기회다. 나는 호수 한복판에 있는 모래 언덕 위에 카메라를 설치했다.

해가 떠오르기 시작하자 엔진 소리가 일제히 호수면의 적막을 가른다. 서쪽 물가에서 네 척, 동쪽에서 두 척이 흰 파도를 헤치며 호수 중앙을 향해 달려간다. 그러자 큰고니들이 한꺼번에 날개를 펴고 수면을 내려치며 날아오른다.

"펄떡 펄떡." "둑둑둑."

물보라가 산산이 흩어진다.

"왁왁." "꺼우 꺼우."

서쪽에서도 동쪽에서도 요란한 소리가 수면 위를 덮는다. 아직 배가 가 닿지 않은 호수 가운데서도 보트 소리에 놀라 큰고니들이 힘껏 수면을 두드리며 떠올라 하늘을 가린다. 몇 분 뒤, 호수는 큰고니들의 군무에 뒤덮였다. 날개를 퍼덕이는 소리, 우는 소리 그리고 엔진 소리. 마침내 10여 마리씩 무리를 지어 내가 서 있는 모래 언덕을 지나 오호츠크해 수평선 저쪽으로 사라졌다. 단숨에 번식지를 향해 날아간 것이다.

그날 아침, 호수에서 쉬던 큰고니들의 3분의 2 정도가 북쪽으로 돌아갔다. 나머지 약 1천 마리 가운데 절반가량이 저녁에 그물을 걷어 올리려고 들이친 어선들에 놀라 또 북쪽으로 떠났다. 며칠 뒤 호수에 나가 보니 남아 있는 큰고니는 이제 200여 마리에 불과했다. 그리고 이제까지 볼 수 없었던 붉은부리갈매기 떼가 빙어의 무리를 뒤쫓고 있었다. 머리 색깔이 모두 검다. 여름새들의 모습이다.

밤에 어부 M한테서 전화가 왔다.

"올해는 어땠어요?"
"덕분에 좋은 사진을 많이 찍었습니다. 정말 고마워요."

...

4월 21일, 검은딱새 수컷 한 마리를 보았다. T목장의 울타리에 앉아서 울고 있었다. 약간 추웠던지 오렌지색 가슴이 울 때마다 떨렸다.

이 지방에 제일 먼저 오는 여름새는 종다리다. 눈이 녹기 시작하고 땅이 약간 얼굴을 내밀었다 하면 며칠 뒤에 어김없이 종다리 소리를 듣게 된다. 두 번째로 찾아오는 것이 백할미새다. 외양간 가까이의 눈 녹은 물구덩이에서 긴 꼬리날개를 까딱까딱 위아래로 흔들며 목장의 고양이들을 놀려 댄다. 목장 주인 T씨의 말로는 백할미새는 겨울에도 보인다고 하니까 두 번째로 오는 새라는 말은 맞지 않지만, 어쨌든 겨울을 이곳에서 나는 놈들은 그다지 많지 않은 것 같다.

세 번째로 나타나는 새가 바로 검은딱새다. 검은딱새는 마른풀을 찾아 여기로 온다. 목초지 가장자리에 지난해 베고 남은, 방석으로 써도 될 마른풀로 보금자리를 만든다. 그리고 거기에서 암컷을 맞이한다. 우리들 생각에는 보금자리로는 클로버의 연한 마른 잎이 더 좋을 것 같은데 이상하게도 녀석들은 클로버는 본체만체하고 꼭 목초지에 남아 있는 딱딱한 마른풀을 고른다. 아마도 좋아하는 풀이 따로 있는 모양이다. 목초지에 원하는 마른풀이 한없이 있는 것도 아니라서 가끔 할 수 없이 클로버의 마른 잎을 이용하는 지각한 검은딱새도 없지는 않다.

T씨가 베지 않고 남겨 둔 목초지에서 번식을 시작한 검은딱새.

어쨌든 이른 봄에 불을 질러 말끔해진 풀밭은 살 만한 곳이 아니라고 여기는 듯하다. 생각해 보면 보금자리에 필요한 건축자재로는 부드러운 새잎보다는 단단한 마른 풀줄기가 1급 자재일 것도 같다. 다른 새들에게 '여기는 내가 있으니 함부로 얼씬거리지 말라'고 올라서서 선언할 홰도 있어야 할 테니 역시 마른나무와 마른풀이 제격이리라. 그리고 마른 풀밭에는 나방이나 나비도 찾아오고 메뚜기나 나비 애벌레 그리고 거미들도 있다. 그에 비하면 새잎이 나온 깨끗한 풀밭에는 먹을거리로 나비 애벌레 정도가 있을 뿐이다. 결국 사람의 눈에는 지저분하고 어수선한 곳이 검은딱새에게는 최고의 낙원이 되는 것이다.

여기에 오래 살아서 그런 사정을 잘 알고 있는 T목장 주인은 목장 한구석을 가리키며 "저곳은 검은딱새를 위해 일부러 풀을 베지 않고 두었어요"라며 나에게 자랑하듯 말했다. 검은딱새 암컷이 찾아오는 것은 열흘쯤 뒤가 될 것이다.

・・・

홋카이도에서는 그 작물이 얼마나 많은 햇볕을 쬐었는가에 따라 농작물의 수확량이 좌우된다고 한다. 그것은 될 수 있는 대로 일찍 씨를 뿌리고 늦게 거둬들여야 한다는 것을 뜻한다. 봄갈이는 일제히 시작된다. 어딘가에서 트랙터의 엔진 소리가 났다 하면 그날 오후는 모든 밭이란 밭에서 온통 트랙터가 돌아다닌다. 뒤처지면 안 되는 것이다. 뒤처진다는 것은 그만큼 다른 농가보다 수확량이 적어진다는 뜻이다.

갑자기 오래 전 봄갈이 광경이 머리에 떠올랐다. 40년 전의 그것은 한가로운 풍경이었다. 내가 이 고장에 취직해 왔을 때 이야기다. 밭을 일구는 일은 말이 맡고 있었다. 말 두 마리가 나란히 서서 가래를 끌었다. 한 마리로 할 때도 많았다. 말은 트랙터와 달라서 '따따 따 따 따' 하는 요란한 소리 따위를 내지 않는다. 기껏 나는 소리라야 목을 돌릴 때마다 목에 걸린 방울이 '땡강 땡강' 하고 울리는 정도다. 그리고 언 땅이 녹는 것이 밭의 지형에 따라 이르거나 늦어서 밭갈이가 일제히 시작되지도 않았다. 게다가 말은 경유만 넣어 주면 며칠이고 움직일 수 있는 기계와는 달라서 전날 일이 힘들었다 싶으면 쉬게 해야 했고, 어떤 때는 주인이 전날 밤 약주를 많이 들었다고 해서 오후 늦게 밭에 나오는 그런 식이었다.

여하튼 모든 것이 느긋하고 한가로웠다. 다만 지금하고 전혀 다른 점은 밭갈이의 주역인 말을 둘러싸고 벌어졌던 풍경이다. 옛날 말들은 일을 하면서 찌르레기들을 데리고 다녔다. 30센티미터 폭의 가래를 잡아끄는 말 주위에는 어느 말에나 10~20마리의 찌르레기들이 따라다녔다. 말이 밭을 갈아엎으면 흙 속에서 찌르레기가 좋아하는 지렁이나 짚신벌레들이 나오기 때문이다. 말은 가끔 밭 갈던 걸음을 멈추기도 한다. 그때마다 주인이 "이랴!" 하며 채찍으로 궁둥이를 한 대 갈기면 약간 반항을 했다. 그럴 때면 발걸음의 리듬이 흐트러져서 말 몸뚱이에 붙어 있던 찌르레기들은 후다닥 날아오른다. 멀리서 보면 강충이처럼 보였다.

봄갈이는 사람에게 필요한 노동이면서 말과 찌르레기가 연출하는 한 폭의 풍경화였다. 그때부터 40년의 세월이 흐른 지금은 트랙터 한 대가 말 두 마리가 끌던 가래질의 다섯 배 너비의 흙을 갈아엎으며 앞으로 나간다.

"따 따 따 따 따."

굉음을 울리며 돌진한다. 함께 데리고 가는 부하들도 없다. 한 마리의 찌르레기에게 줄 선물조차 흙 속에서 나타나지 않기 때문이다. 땅은 해마다 메말라 간다. 봄갈이 작업이 사람 혼자서 하는 일이 된 지 오래다. 그것이 못내 쓸쓸하다.

• • • •

입원하고 있는 동물들의 먹이를 마련하기 위해 돌아다니는 것이 내 일 중의 하나다. 우리 집에 입원해 있는 것은 모두 야생동물이어서 그 먹이는 잡다하고 다양할 수밖에 없다. 큰고니의 먹이는 야채 지스러기나 옥수수, 밀 등이다. 앞을 못 보는 너구리는 과일과 고기도 좀 먹게 해 달란다. 청설모도 '나는 호두랑 소나무 씨!' 하며 조른다. 그런데 모두 상처가 아물거나 앓던 병이 나으면 자기가 원래 살던 자연 속으로 돌아가게 해 줘야 하기 때문에 입원해 있는 동안에도 야생 상태에서 먹던 먹이를 주어야 한다. 손쉽게 구할 수 있는 슈퍼나 편의점에서 파는 그런 것을 먹이로 줄 수가 없는 것이다. 그래서 일이 여간 어렵지가 않고 여기저기 돌아다녀야 하기 때문에 결국 중노동이 된다.

하루는 하늘다람쥐에게 줄 먹이를 얻으러 나갔다. 이 시기에 야생 하늘다람쥐는 버드나무의 꽃눈이나 자작나무의 꽃눈, 낙엽송이나 분비나무의 겨울눈을 즐겨 먹는다. 개울가의 방풍림 입구에서 꽃눈 지스러기가 땅에 흩어져 있는 버드나무를 발견했다. 하늘다람쥐의 짓 같았다. 주위를 잠시 둘러보았다. 오래된 벚나무가 한 그루 서 있었는데 나무의 지상 2미터쯤 되는 곳에 작은 똥이 붙어 있다. 코를 가까이 대고 맡아 보니 틀림없이 하늘다람쥐의 똥 냄새다. 천천히 주위를 둘러보자 오리나무의 지상 5미터쯤 되는 높이에 오색딱따구리의 오래된 둥지 구멍이 보였다. 나는 그 옆에 있는 가느다란 나뭇가지를 꺾어 '꾸쭈 꾸쭈 꾸쭈' 소리를 내면서 오리나무의 줄기를 긁어 댔다.

소마후에 사는 O씨의 말에 의하면 이 소리는 검은담비가 달려갈 때 내는 소리와 같단다.

"꾸쭈 꾸쭈 꾸쭈."

그때 오색딱따구리의 오래된 둥지에서 얼굴 하나가 나타났다. 희고 동그란 얼굴에 크고 검은 눈동자, 하늘다람쥐였다. 역시 있었다. '꾸쭈 꾸쭈' 하고 다시 나무줄기를 긁어 댔다. 재빠르게 몸을 놀려 하늘다람쥐는 나뭇가지 끝으로 올라간다. 그리고 끄덕끄덕 몸을 위아래로 흔들다가 휙 하고 날았다. 그리고 그 오래된 벚나무에 달라붙었다. 쌍안경으로 보았더니 눈을 반쯤 감고 '쉬'를 하고 있다. 그리고 넓적한 꼬리를 치켜들고서 이번에는 '응가'.

볼일을 마치자 벚나무 꼭대기까지 올라가서 휙 뛰었다. 한동안 행방을 뒤쫓았더니 오리나무 가지에 앉아서 '찌찌' 하고 작은 소리로 울고 있었다. 그러자 그 소리에 맞장구치는 또 하나의 '찌찌' 하는 소리가 났다.

'밤에만 돌아다닌다고 했는데 어떻게 된 거지?'

가방 속에서 집음기를 꺼내서 볼륨을 올렸더니 놀랍게도 오리나무에서 20미터 정도 떨어진 곳에서도 '찌찌찌' 하는 소리가 나질 않는가. 아마도 하늘다람쥐들의 발정기가 시작된 것 같다.

방 안을 이리저리 누비며 봄이라고 외치는 입원 중인 하늘다람쥐.

"찌 찌 찌, 찌 찌 찌."

하늘다람쥐들의 사랑 노래는 오랫동안 계속됐다. 나는 먹이를 구하러 온 일은 까마득히 잊고 숲속을 저녁 늦게까지 헤매고 돌아다녔다.

● ● ●

4월 29일, 수년 동안 이날만 되면 아사히카와에 있는 돗쇼산으로 얼레지 꽃을 보러 간다. 아사히카와시의 외곽에 있는 산으로 얼레지 꽃이 많다. 산이 온통 짙은 보라색 얼레지 꽃으로 뒤덮이는 시기에 열리는 '돗쇼산을 좋아하는 사람들의 모임'에 참석하러 가는 것이다.

이 모임은 아사히카와 시민에게 있어 마을 뒷산 같은 돗쇼산에 경제인들이 골프장을 만들려는 움직임이 있었을 때, '그건 말도 안 된다'며 강력하게 제지해 계획을 백지화시킨 애향인들이 주축이 된 모임이다. 이렇게 결말이 나기까지는 여러 가지 문제도 있었겠지만, 내가 그 모임에 나갔을 때는 모두 그 산을 자기들이 지켜냈다는 자부심을 마음속에 간직하고 저마다 경쟁이라도 하듯 돗쇼산의 좋은 점을 이야기하는 밝은 분위기였다.

들판에는 떡집이 생기고, 헌책을 펼쳐 놓고 파는 사람도 보인다. 저녁에는 밴드가 나와서 이 고장의 민요도 연주한다. 나는 맥주를 마시고 떡을 먹으며 꽃을 감상했다.

얼레지와 산현호색이 누가 더 예쁜지를 겨루고 있다. 남바람꽃도 있다. 남바람꽃은 데쳐서 나물로 무치면 맛있는데 꽃이 필 때까지 기다리는 편이 낫다고 한다. 꽃을 보고 그 뒤에 먹자는 뜻이 아

돗쇼산의 숲속에 펼쳐진 얼레지 군락.

얼레지 꽃은 고개를 숙이고 핀다.

니라 남바람꽃의 어린잎과 투구꽃의 새싹이 비슷하기 때문인 것 같다. 확실하게 알려면 꽃을 봐야 하는데 투구꽃 뿌리에는 독이 있어서 잘못 먹으면 큰일 난다는 이야기였다. 그래서 나는 남바람꽃도 아예 먹지 않겠다고 말했다.

그리고 얼레지를 좋아하는 사람들이 많이 있길래 "얼레지 알뿌리를 갈아서 그것으로 경단을 만들면 어떤 맛일까요?" 하고 말을 꺼냈더니 모두들 나를 흘겨보며 아무 말도 하지 않는다. 그때 나는 맥주 기운이 좀 돌아서 별 생각없이 "좋아하는 것은 먹어야죠. 먹을수록 더 좋아질 테니까요" 했더니, 그중 한 사람이 "그럼 선생님, 여우 고기 맛은 괜찮아요?"라고 해서 내가 한방 얻어맞은 꼴이 되고 말았다. 차마 맛 좋았다고 대꾸할 분위기가 아니었다. 어쨌든 얼레지를 좋아하는 사람들 속에서 얼레지의 맛을 화제로 삼는 것도 재미있었다.

돌아오는 길에 보니 고개 부근의 얕은 골짜기는 동의나물 꽃으로 노랗게 덮여 있었다. 거기서 조금 내려가자 이번에는 물파초가 골짜기를 온통 하얗게 물들이고 있었다. 빨간색의 앉은부채, 연노란색의 까치무릇 등이 있었고 돗쇼산에는 조금밖에 피지 않았던 바람꽃의 군락도 보였다. 이른 봄 꽃들의 잔치가 한창이었다.

5월
우리는 헬렌과의 이별을
준비하고 있었다

  5월은 들불을 놓는 계절이자 산불 예방 주간이 시작되는 달이다.

  날마다 남풍이 분다. 구시로 앞바다에서 발생한 바다 안개는 남쪽에 늘어선 산줄기를 타고 밑으로 내려오는 동안 수분을 날려 버리고 고온이 되어 오호츠크해의 앞바다에서 소멸한다. 푄 현상이 일어나는 것이다.

  푄 현상에는 큰불이 따르기 마련이라고 하면 왠지 큰 불을 바라는 것 같은 느낌을 주어 뭣하지만, 사실 이맘때면 소방차의 사이렌 소리를 자주 듣게 된다. 나는 약간 구경꾼 기질이 있어서인지 나도 모르게 현장으로 뛰쳐나간다. 이곳에 이사 온 무렵, 나는 사이렌 소리를 듣자마자 초원으로 달려 나갔다. 그 초원은 오호츠크해를 마주 보는 바닷가 모래 언덕으로 여름 한때 피는 꽃들로 사람들을 즐겁게 해 주던 곳이었다. 그래서 사람들은 그곳을 야생 화원이라고 불렀다.

  벌써 시효가 지난 이야기니까 JR 일본철도회사에서 화를 내지 않을 것 같아 있는 그대로를 쓴다. 이 초원의 한가운데에 선로가 놓여 있다. 아바시리와 구시로를 연결하는 철로다. 옛날에는 그 위를 증기 기관차가 달리고 있었다. '뽀-옥' 하고 기적을 울리며 시커먼 연기

초원에 불을 놓는 것은 자연 재생을 위한 작업이다.

를 하늘로 뿜으면서 열차가 지나가면 그 뒤를 으레 들불이 초원을 따라 달리는 것을 볼 수 있었다. 열차가 범인이라고 대놓고 말하지는 않았지만 모두 그럴 거라고 생각했다. 증기기관차가 사라지고 디젤기관차로 바뀐 해부터 초원에서 들불이 자취를 감췄기 때문에 사람들의 추측은 확신으로 바뀌었다. 소방서도 약간 한가해진 것 같았다.

그런데 증기기관차가 다니지 않게 되고 15년이 지난 뒤 야생 화원에서도 꽃이 현저하게 줄어든 것을 알게 되었다. 시 당국은 유일한 관광자원인 꽃밭의 변화에 당황했고 대학에서 연구원을 불러다가 원인을 조사하게 했다. 결론은 간단했다. 원인은 들불이 없어진 데 있었다. 그 소리를 듣고 "역시" 하며 머리를 끄덕인 사람도 많았다.

어쨌든 들불이 없어지자 초원은 지난해, 전전 해, 아니 그 이전의 마른 풀들이 쌓여서 서로 얽히다 보니 야생화의 씨가 발아되지 않았다고 한다. 그 가운데에 백합이나 날개하늘나리 등이 포함된다고 하니 관계자는 속으로 증기기관차가 다시 등장해서 가끔 들불이 일어나면 좋겠다고까지 바라는 기색이었다.

그러나 그런 바람이 이뤄질 리 없었다. 그래서 증기기관차 대신에 인공적으로 들불을 지르면 어떨까 하는 의견도 나왔다. 그런데 야생 화원은 국립공원이다. 인공 들불의 구상이 현실화되기까지는 우여곡절이 따랐다. 많은 사람의 열의와 수많은 서류의 작성 그리고 오랜 시간이 흐른 뒤에야 마침내 나라가 인정하는 들불 지르기가 실현됐다. 어디까지나 시험적인 승인이라는 단서가 붙었지만.

그러나 그 조치는 좋은 결과로 나타났다. 그리고 이 지나간 일은 우리들에게 여러 가지를 생각하게 만들었다. 들불이 반드시 나쁜 것만은 아니며, 또 야생 화원이라고 해서 이름 그대로 자연에 맡겨 두기만 해서는 사람들을 즐겁게 해 주지 않는다는 것도 알게 되었다. 자연이라는 것은 우리 머리로 헤아릴 수 있을 만큼 그렇게 단순하지 않고 그래서 더욱 흥미롭다.

* * *

올해에는 6일로 잡았다고 시청에 근무하는 H군이 찾아와 알려 준다. 초원에 들불을 지르는 날짜 말이다. 이맘때 야생 화원은 아직 꽃밭이 아니고 마른 풀밭이다. 들판에 불을 지르기 전에 거기에 둥지를 틀고 새끼를 기르고 있는 들새들의 상태를 미리 조사할 필요가 있다. 언제부터인지 이 조사는 새를 좋아하는 우리들 작은 모임의 일이 되었다. 몇몇 회원에게 전화를 걸었지만 모두 다른 일들과 겹쳐서 못 나가겠다고 한다. 그래서 올해는 나 혼자만의 일이 되고 말았다.

들불을 놓을 예정지를 걸으며 만난 새들의 상태를 하나하나 기록한다. 새 이름은 물론 암컷인지 수컷인지, 짝이 있는지 외톨인지 그리고 둥지를 만들 재료가 있는지 없는지 등 만만치 않게 시간이 걸리는 일이다. 성미 급한 검은딱새 수컷이 이곳이 내 구역이니까 딴 놈들은 얼씬도 하지 말라며 다른 수컷을 내쫓기에 바쁘다. 북쪽으로 날아가는 방울새 한 무리가 내 머리 위를 지나갔다. 촉새 두 마리가 털야광나무 밑에서 먹이를 찾고 있다. 그 바로 옆에 산현호색의 연보라색 꽃이 바람에 흔들리고 있다. 검은머리쑥새 여섯 마리가 보인다. 아직 수컷의 머리털이 여름털로 바뀌지 않은 것으로 보아 오늘 왔는지도 모른다. 그러나 털야광나무 숲속에 만든 큰부리까마귀의 둥지는 거의 완성되어 있다.

5시간을 돌아다닌 뒤에 진홍가슴, 검은머리쑥새, 개개비, 붉은허리개개비 등은 아직 여기에 오지 않은 것을 확인했다. 그리고 들불을 지르려면 지금이 좋다고 H군에게 알렸다. 집으로 돌아오면서 산현호색의 꽃과 잎을 많이 땄다. 입원해 있는 청설모와 다람쥐들이 잘 먹기 때문이다.

'나도 나물로 무쳐서 먹을까?'

우리 집의 산채 요리는 해마다 산현호색 나물이 머위 새순 다음으로 식탁에 자주 오른다.

・・・

낮에 삿포로에 있는 홋카이도대학의 N선생으로부터 전화가 왔다.

"걱정 안 해도 될 것 같습니다. 기생충 알이 나오지 않았습니다."

며칠 동안 검사 결과가 궁금하고 신경이 쓰였는데 이 첫마디로 우선 마음이 놓였다. "그렇지만…" 하고 N선생이 말을 이었다.

"기생충이 없다는 것은 아닙니다. 저녁쯤에 확실한 결론이 나올 겁니다."

그러니까 우리 집에 온 환자가 기생충을 몸 안에 지니고 있는지 아닌지를 지금으로서는 단정하지 못한다는 것이다.

환자란 3일 전에 K군이 길에서 주워 데리고 온 생후 30일밖에 안 된 새끼 여우다. 몸무게도 400그램밖에 안 된다. 볼일이 있어 나갔던 K군이 처음 새끼 여우를 본 것이 오전 10시, 그 조그만 동물은 길가에 우두커니 서서 차가 오는 것을 피하지도 않고 그저 보

다람쥐도 사람도 모두 좋아하는 산현호색.

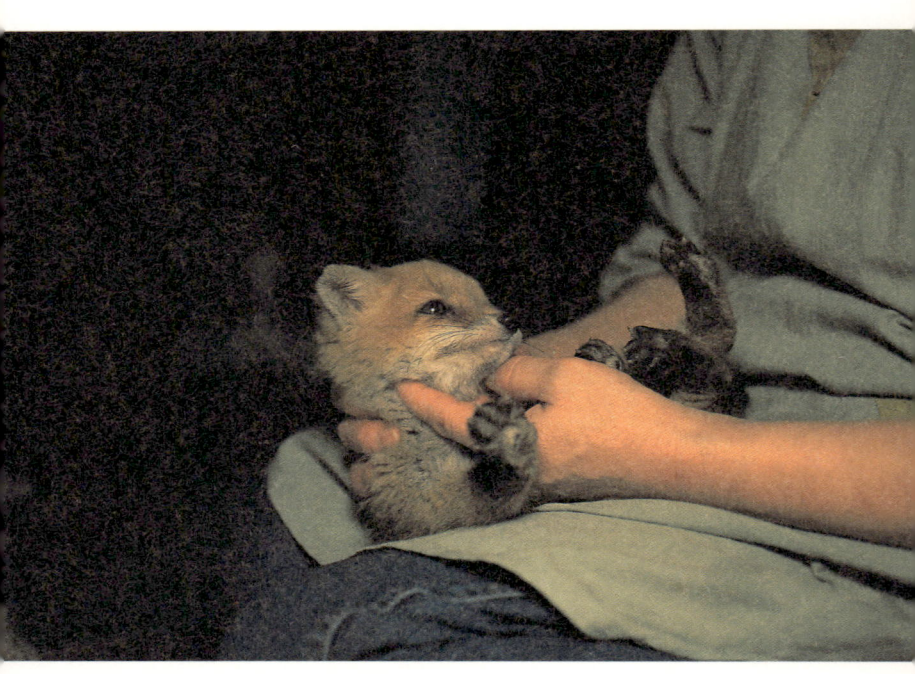
우리 집 식구들을 눈코 뜰 새 없게 한 새끼 여우. '헬렌'이라고 불렀다.

고만 있었다고 한다. 그런데 일을 마치고 돌아오다 보니 그때까지 새끼 여우가 그대로 있었다. 그때 시각이 오후 2시니까 새끼 여우는 4시간도 넘게 그 자리에 웅크리고 있었던 셈이다.

K군은 이상하다는 느낌이 들어 차를 멈췄다. 창문을 열고 말을 걸어 보았다. 그래도 여전히 모르는 척 먼 곳만 보고 있다. 손으로 머리를 쓰다듬어도 뒷걸음치는 듯하다가 그대로 있다. 두 손으로 안아 올렸더니 뒷다리를 약간 위아래로 흔들다가 축 늘어뜨리고 만다. 가슴에 안자 눈을 감고 그대로 잠들어 버렸다. K군은 이 새끼 여우가 뭔가 잘못된 것으로 느껴져 그대로 두지 못하고 생각다 못해 우리 집으로 데려온 것이다.

나는 아주 난처했다. 그렇다고 120킬로미터의 먼 길을 데리고 온 아픈 새끼 여우를 우리 집에 두지 못하겠다고 거절할 수도 없다. K군과 이야기하는 동안 새끼 여우는 꼼짝 않고 눈만 크게 뜨고 나를 쳐다보고 있었는데 그 눈망울에 눈물이 글썽이고 있었다. 새끼 여우를 나에게 맡기고 돌아서는 K군의 표정은 무거운 짐을 내려놓은 듯 밝았다.

그러나 우리 집은 그 순간부터 전쟁터처럼 어수선해졌다. 홋카이도의 붉은여우가 에키노코쿠스라는 기생충병의 매개체로 알려진 지 오래다. 에키노코쿠스의 알은 여우의 똥 속에 섞여 배설되며 보통 그것을 들쥐들이 먹고 그것을 또 여우가 먹는 순환을 거듭한다. 그러다가 음식이나 음료수를 통해 사람 몸에 들어와서 기생할 때가 있다. 이것은 몸 안에서 자라 숙주인 사람을 괴롭힌다.

야생 여우의 똥이나 털에 기생충의 알이 붙어 있는 것은 흔히 있는 일이다. 그것은 여우에게는 대수롭지 않은 일이지만 그 여우가 우리 집에 들어온 이상 태평스럽게 지낼 수만은 없었다. 맘씨 고운 사람이 "당신은 수의사니까…" 하며 환자 여우를 맡기고 가면, 그때부터 우리 집은 1급 방역 태세에 들어가고 에키노코쿠스의 오염에 대비하지 않을 수 없다. 여우 똥이 속달로 홋카이도대학으로 보내지고 그 결과를 조마조마 기다리게 되는 것이다.

밤에 N선생으로부터 두 번째 전화가 왔다. 아직까지 기생충 알은 나오지 않았지만 벌레는 틀림없이 기생하고 있다는 겁나는 보고였다. 그로부터 이틀 동안 우리 집은 전쟁 상태였다. 새끼 여우도 계속 구충제를 먹고 목욕을 반복해야 하는 공포와 고통에 시달려야 했다. 3일 후, 기생충으로부터 해방된 새끼 여우는 그제야 통상 진료의 대상이 되었고 그날의 환자 제4호가 됐다.

우리 집의 5월은 이래서 바쁘다.

• • •

뜰의 풀숲에서 '삐뽀, 삐뽀뽀' 하는 소리가 난다. 긴꼬리홍양진이가 우리 집에 찾아온 날 아침, 홋카이도 북부에 사는 친구가 곱사송어 '곱사연어'라고도 한다를 보내왔다. 같은 날 저녁에 구보 씨가 이것 보라며 한 자가 넘는 산천어를 들고 찾아왔다. 그날 밤은 북쪽 바다에서 잡은 곱사송어와 동쪽 강에서 잡은 산천어의 맛 경연이 벌어졌다. 두 마리가 모두 봄의 향미에서 막상막하였다.

이 계절이면 으레 방영되던 뉴스가 몇 년 사이 나오지 않고 있다. 구시로나 네무로 등 항구에서 북쪽 바다로 고기 잡으러 떠나는 어선들의 풍경을 전하는 뉴스 얘기다. 조업 해역이 좁아진 탓인지 아니면 생선 값이 너무 떨어져서인지는 알 수는 없으나 고깃배마

배 떠나는 풍경이 사라진 바다 위에 아침 해가 떠오른다.

다 풍어를 바라는 깃발을 바람에 나부끼며 항구를 빠져나가는 활기찬 모습은 보기만 해도 가슴을 뛰게 만든다. 보는 이에게 바다를 느끼게 한다.

내가 그 이야기를 하자 아내가 "송어든 연어든 가게에 1년 내내 있잖아요"라고 대꾸했다. 하기는 수협이나 슈퍼에는 북태평양에서 잡힌 것뿐 아니라 알래스카나 캐나다의 근해에서 잡혀 수입된 송어와 연어가 얼마든지 있다. 한편으로는 세금으로 운영되는 대형 냉동 창고가 생선 값을 안정시키기 위해 늘고 있는 것이 현실이다.

이래서 우리들은 계절을 잃고 말았다. 봄의 바다가 잊혀져 가는 것이다. 이러다가는 얼마 안 가서 항구를 떠나는 고기잡이배를 한 척도 못 보는데도 생선은 여전히 가게에 쌓이는 날이 올지 모른다. 송어나 연어란 원래 토막 난 몸으로 바다를 헤엄쳐 다니는 것이라고 생각하는 아이들이 늘어나지 않을까. 그렇다면 요리하기 전에 태어날 손자 손녀들을 위해 옹근 생선과 토막 난 생선을 나란히 놓고 사진을 찍어 둬야겠다는 생각이 들었다. 그래서 기록으로 남겨 두기 위해 찍는 사진이 요즘 부쩍 늘었다. 그걸 생각하면 울적하다.

• • •

목장 주인 R씨로부터 어제 그 예쁜 나비가 날아가는 것을 봤다는 전화가 왔다. 3년 전 R씨의 뒷산에서 이른봄애호랑나비 사진을 찍으려고 하루 종일 버텼으나 결국 허탕을 친 일이 생각났다.

이른봄애호랑나비는 족도리풀 잎 뒷면에 알을 낳는다. 그러니까 족도리풀이 있는 데서 기다리면 사진을 찍을 수 있다고 나비를 잘

두메닥나무 꽃에 앉아 있는 이른봄애호랑나비.

아는 친구가 말했다. 그는 나비수집가다. 그의 방은 온통 나비표본 상자와 나비도감 그리고 책들로 가득하다. 그 방에서 나는 이른봄애호랑나비를 구경했다. 오래 전에 사진작가 다부치 유키오 씨의 사진집에서 본 적이 있는 그 아름다운 나비가 내가 사는 마을에 있다는 것을 미처 모르고 있었다. 그는 5월이 되면 얼마든지 찍을 수 있다고 장담했다.

5월 어느 날, 나는 하루 종일 족도리풀 주위를 어슬렁거리고 있었는데 밭에서 일하고 있던 한 농부가 나를 보며 뭐 하고 있냐고 묻기에 가지고 있던 도감을 보여 주며 이런 나비를 찾고 있다고 했다. 그때 그 농부가 R씨다. 그는 그 나비를 보면 곧 알려 준다고 약속했지만 결국 그해에는 한 장도 찍지 못했다.

그 후 나는 이일 저일로 바빠서 나비에 대한 관심도 식어 가고 있었는데 어찌 된 일인지 나이 지긋한 R씨가 갑자기 곤충 소년으로 되돌아가 그 다음 해에는 포충망까지 샀다. 그리고 그의 노모가 "아니, 다 큰 어른이 나비를 쫓다니, 쯧쯧…" 하며 핀잔을 주어도 아랑곳없이 다니더니 그해에 나비를 네 마리 잡았다. 그 뒤로도 5월이면 잊지 않고 이른봄애호랑나비의 정보를 알려 준다.

전화를 받고 R씨를 찾아갔다. 그는 싱글벙글하며 "오늘 아침에 두 마리를 잡았어요"라며 자랑한다. 나는 곧 R씨가 나비를 잡았다는 곳에 갔다. 그러나 역시 허탕이었다. 그 대신 막 허물을 벗은 꺼꾸로여덟팔나비 사진을 찍고 돌아오는데 밭 가장자리를 돌고 있는 비슷한 나비 한 마리가 눈에 띄었다. '좋았어!' 하고 차를 멈추고 가까이 가 보니 공작나비였다. 수컷 공작나비가 마른 풀 위에 앉아

짐짓 시치미를 떼고 있는 암컷의 마음을 끌려고 날개를 퍼득이며 접근하고 있었다. 돌아와서 오늘 결과를 R씨에게 이야기할까 하다가 그만뒀다. 다음에 만나면 표본이 된 이른봄애호랑나비를 자랑 삼아 내게 보여 줄 테고 그러면 내가 찍을 나비는 점점 그 수가 적어질 것 같아서였다.

• • •

 북쪽 땅 끝에 살고 있어서 1년에 벚꽃 구경을 여러 번 하게 된다. 그래서 즐겁다. 어느 해였던가, 그해는 네 번이나 벚꽃 구경을 했다. 고향인 규슈에서 3월 말에 벚꽃 구경을 했고 4월에는 도쿄에서 왕벚나무를 보았다. 5월에는 내가 살고 있는 곳에서 산벚나무를 구경했고, 끝으로 6월에 네무로에서 벚꽃을 볼 수 있었다.
 5월이 되면 사람들은 으레 산을 바라본다. 그리고 이런 말을 주고받는다.
 "올해는 20일경에 필까?"
 "그보다 빠르지 않을까?"
 4월 초 도쿄 지방을 통과한 벚꽃 전선은 1일 평균 시속 20킬로미터의 속도로 북상한다고 한다. 가끔 텔레비전에 등장하는 각지의 벚꽃 현황을 보고 '어, 아직 거기야…' 하다가 '이제 얼마 안 남았네'라고 하기까지 한 달이 걸린다. 그래서 홋카이도는 정말 먼 곳이라는 것을 실감한다. 게다가 쓰가루 해협_{일본 혼슈와 홋카이도 사이의 해협}을 건너오는데 일주일이 걸린다는 것을 알고는 홋카이도는 차가운 바다에 둘러싸여 있는 북쪽 땅이라는 것을 새삼 느낀다.
 드디어 늦가을부터 온통 갈색이던 나무들이 어느새 연두색으로

기다리고 기다리던 산벚나무 꽃.

꽃구경에 빠질 수 없는 산마늘.

물드는가 싶더니 흰 점들이 하루 사이에 가지마다 붙기 시작한다. 벚나무의 어린 꽃봉오리들은 늦게 찾아온 것을 수줍어하듯 조금씩 모습을 드러내는 데 비해서 백목련의 흰 꽃은 가슴을 탁 펴고 당당히 등장한다. '내가 먼저야!' 하면서. 백목련의 꽃을 보고 사람들은 벚꽃이 피는 날이 얼마 남지 않았음을 짐작한다. 그런데 혼슈에서는 매화꽃이 먼저 피는데 이곳에서는 매화꽃과 벚꽃이 함께 핀다.

벚꽃 구경에는 술이 따르기 마련이다. 아니 그보다는 술은 벚꽃이 있어야 제맛이라고나 할까. 그래서 벚꽃을 기다리며 들떠 있는 날을 며칠 보낸다. 그러다가 누군가가 봤다고 하면 농군이든 월급쟁이든 일제히 우르르 밖으로 뛰쳐나오는 것이다.

올해 꽃구경은 평년보다 약간 일렀다. 그것은 그만큼 봄이 빠르다는 것을 뜻하고 태양을 상대로 하는 농사일도 그만큼 일찍 끝난다는 뜻이다. 술 하면 으레 생각나는 것이 칭기즈칸 냄비요리, 샤브샤브…. 공연히 마음이 들뜬다.

산마늘을 홋카이도 사람들은 무척 좋아한다. 먹으면 몸에 좋고 감기에도 잘 걸리지 않는다고 한다. 변비, 각기병, 폐병 등에 좋은 만병통치의 영약이고 동상에 걸리거나 화상을 입었을 때 그리고 타박상에도 으깨서 바르면 즉효가 있단다. 심지어는 치질이 나았다는 사람도 있다. 이곳 사람들은 이 마늘을 '아이누 파'라고 하는데 벚꽃을 구경하는 날이 정해지면 너도나도 '아이누 파'를 어디다 감췄다가 들고 나오는지 한 아름씩 안고 모인다. 산마늘을 먹을 때는 모두 함께 모여서 먹는다. 그러면 서로 다음 날 입에서 나는 마늘 냄새 때문에 신경을 쓰지 않아도 되니까 마음이 편한가 보다.

꽃구경하는 장소가 정해지면 모든 일을 다 제쳐 두고 모여든다.

바람이 불든 비가 오든 상관하지 않는다. 그래서 마을이 온통 꽃구경으로 들썩이고 산마늘 냄새에 젖는다. 벚꽃과 아이누 파, 이 두 가지가 등장해야 사람들은 틀림없이 봄이 왔다고 인정한다.

 . . .

 청설모를 찾아 방풍림 속을 걸었다. 들메나무와 물참나무에 달린 겨울눈이 아주 조금 자랐을 뿐이다. 그래서 봄볕은 거리낌 없이 그대로 숲 밑바닥까지 가 닿고 있었다. 떡느릅나무에서 무슨 소리가 나기에 쳐다보았다. 떡느릅나무에 달린 푸른 열매가 바람에 흔들리는 소리였다. 나중에 다람쥐들이 좋아하겠다. 몇 해 전 이맘때, 길에서 차에 치여 죽은 다람쥐를 해부해 봤더니 위 속에 떡느릅나무 열매가 가득 차 있었다.
 올해 청설모는 늙은 물참나무를 자기 집으로 삼고 지내고 있다. 지상 8미터쯤 되는 곳, 나무의 크게 벌어진 틈에 산다. 나무 밑은 연령초 꽃밭이라 온통 새하얗다. 그곳에 사는 주인이 집 입구에서 밑을 내려다보면 일대가 흰 꽃 양탄자라니 정말 부러운 이야기다. 자연 속에 사는 동물들은 가끔 이런 호사를 예사로 누린다. 털야광나무에 상제나비 애벌레가 크게 발생한 해의 일이다. 털야광나무 바로 곁에서 둥지를 틀고 있던 찌르레기가 애벌레를 부지런히 잡아 나르고 있었는데, 어느 날 갑자기 가까이에 있는 애벌레들은 놔두고 일부러 멀리까지 먹이를 찾으러 나가는 것을 보았다. 그런가 하면 양어장 가까이에 눌러앉은 뿔호반새는 연못에 매일 나타나서 자기가 먹기 좋은 5센티미터 정도의 산천어만 잡아먹었다.
 아이누족은 연령초와 산딸기를 똑같이 '에마우리'라고 부른다.

방풍림 속의 연령초 군락이 흰 꽃밭을 이루었다.

완전히 여름털로 갈아입은 '숲 경비원' 청설모.

연령초는 5월이면 잎이 시들고 열매를 맺는다. 달고 맛있다. 어른 아이 할 것 없이 매우 좋아하는데 청설모도 먹는 것 같다. 연령초 꽃밭이 눈부셔 가까이 가 보았더니 그 옆에는 홀아비꽃대가 군락을 이루고 있었다. 하도 아름다워서 그 일대를 돌아다니다가 옆에 서 있는 물참나무 고목을 만났다. 나무를 올려다보자 나를 경계하며 내려다보고 있던 청설모와 눈이 마주쳤다.

"캇, 캇!"

청설모가 앞발로 나뭇가지를 힘껏 때리며 나에게 겁을 주려 한다.

"알았어, 알았다고."

나는 손을 흔들어 보이며 봄의 숲을 빠져나왔다.

. . .

벚꽃이 봄비를 두 번 맞고 나더니 꽃잎이 모두 떨어지고 어느새 푸른 잎들이 바람에 흔들리고 있다. 오색딱따구리의 묵은 둥지 속에서 쇠찌르레기란 놈이 얼굴을 내밀었다. 아마 올해에는 남의 둥지를 자기 집으로 삼을 속셈인가 보다. 그러고 보니 자작나무 가지에 튼 오목눈이의 둥지에서 벌써 며칠 전부터 부부가 교대로 알을 품기 시작했다. 아마 오목눈이의 둥지만큼 위장술이 뛰어난 것은 없을 것이다.

언젠가 왕머루 덩굴 숲속에 친 둥지를 본 적이 있다. 오목눈이는 둥지 만들기의 명수다. 명작은 자기 작품이 아니더라도 남에게 자랑하고 싶은 법이다. 그래서 오목눈이 둥지에 대해서 한 친구에게 얘기했더니 친구가 아이들까지 데리고 구경하러 찾아왔다. 나는 기꺼이 안내했다. 거기까지는 좋았는데 일이 난처하게 돼 버렸다.

집짓기의 달인 '1급 건축사' 오목눈이.

왕머루 덩굴 속의 둥지가 온데간데없는 것이 아닌가. 아무리 찾고 또 찾아도 보이지 않았다. 나는 거짓말쟁이가 됐고 아이들까지 데리고 찾아온 친구는 아이들 앞에서 체면이 말이 아니었다. 그런데 며칠 뒤 그 옆을 지나다가 무심코 쳐다봤더니 바로 눈앞에 그 둥지가 보이는 것이 아닌가! 도깨비에 홀린 기분이었다. 그 다음부터 나는 오목눈이의 둥지에 대해서는 다시는 말을 꺼내지 않기로 마음먹었다. 그토록 위장술에 뛰어난 것이다.

오목눈이는 둥지 만드는 재료로 지의류_{돌이나 나무에 붙어 사는 민꽃식물}를 사용한다. 올해는 특히 흰색 재료를 많이 쓴 데다가 그것을 흰 거미줄로 묶어 놓았다. 게다가 흰색 나무껍질의 자작나무에 둥지를 틀었다. 한 번 눈에 띄었다가도 잠시 눈을 떼면 다시 찾기가 힘들다. 거짓말쟁이가 되기 십상인 것이다. 그러고 보니 그때 왕머루 덩굴 속에 있던 둥지는 재료가 짙은 갈색이었다. 둥지를 만들 곳의 환경에 맞춰 재료의 색을 고르는 것이 틀림없다.

뜰에 있는 털야광나무 숲속에 염주비둘기가 들락거리는 것을 보고는 놀러 온 우에노 군이 염주비둘기가 온 것을 보니 콩을 심어도 될 것 같다며 돌아갔다. 수풀을 헤쳤더니 엉성한 둥지 속에 흰 새알 두 개가 보였다. 둥지가 엉성한 것을 내가 이러쿵저러쿵할 일은 아니지만 가까이에서 새끼를 키우고 있는 어미 까마귀에게 들키지나 않을까 걱정스러웠다.

멀리서 뻐꾸기가 울고 있다. 올해 들어 처음 듣는 뻐꾸기 소리다. 규슈에서는 이 소리를 5월 중순에 들을 수 있으니까 홋카이도까지 날아오는 데 열흘밖에 안 걸리는 셈이다. 벚꽃과 달리 역시 날개를 가진 짐승은 빠른가 보다.

벚꽃이 떨어지고 뻐꾸기가 울면 5월이 끝난다.

• • •

5월의 마지막 날 헬렌이 죽었다. 5월 초, 에키노코쿠스 기생충 사건으로 한바탕 소동을 겪게 만든 그 새끼 여우다. 오전 4시 20분, 헬렌은 죽기 위해서 우리 집에 온 환자가 되고 말았다.

우리 집에는 그런 동물 환자가 많다. 대부분의 야생동물들은 사육동물과는 달리 강인하다. 그렇지 않으면 생존경쟁에서 목숨을 잃고 마니까. 그래서 사람 손에 들려 우리 집 현관을 들어올 때는 벌써 야생의 삶을 포기한 상태로 오는 경우가 많다. 헬렌의 모든 불행은 아마도 교통사고 때문이리라. 얼핏 보기에 몸에는 상처가 없었지만 보지도 듣지도 못했다. 게다가 냄새도 맡지 못하고 식욕도 전혀 없었다. 헬렌 켈러 이상의 신체적 결함을 가지고 우리 집에 왔던 것이다.

그전에도 한번 눈이 안 보이고 소리를 못 듣는 새끼 여우를 맡은 일이 있었다. 그러나 헬렌의 경우는 그때와는 비교가 안 될 만큼 장애가 심해서 안락사를 시키는 것이 가장 나은 선택 같았다. 그런데 그렇게 하지 못했던 것은 헬렌의 에키노코쿠스 검사가 나흘이나 걸렸기 때문이다. 나흘이나 입원해 있던 살아 있는 생명의 목숨을 끊는 작업은 그리 쉽지 않다. 말하자면 정이 들고 마는 것이다. 이래서 우리 가족은 피해가 커진다는 것을 알면서도 장기 입원 환자의 수를 쉽사리 줄이지 못한다.

그동안 헬렌은 우리를 지독히 애먹였다. 짐승이 살기 위한 최소

아내 품속의 헬렌. 우리들은 이별을 준비하고 있었다.

한의 필요조건, 그것은 숨쉬는 일과 먹는 일인데 헬렌은 아무리 음식을 주어도 먹지 않고 주는 사람의 애만 태웠다. 우유를 입에다 가져다 대 줘도, 고기를 코앞에 올려놓아 줘도 반응이 없었다. 서너 번 억지로 입 안에 넣어 주면 그 다음부터는 먹기 마련인데 나흘이 지나도 마찬가지였다. 배를 굶기면 변화가 생기려니 했지만 눈에 띄게 체중만 줄어서 나와 아내는 노심초사했다. 붙들고 입을 억지로 벌려서 먹이를 떠 넣어 줄 때도 헬렌은 끈질기게 저항했다. 게다가 앞을 못 보니까 넘어지거나 머리를 부딪치곤 했다. 그럴 때마다 가까이에 있는 것을 물어뜯었다. 마침내 이런 행동은 발작 증세로 변했고 아무 이유 없이 발작을 일으키다가 나중에는 자기 발이나 손을 깨물기까지 했다.

우리 집에 제일 오래 입원하고 있던 두 다리를 절단한 암컷 여우 '멩꼬'가 헬렌을 달래려 해도 아무 소용이 없었다. 아내도 진정시키려고 갖은 수단을 다 써 봤지만 손만 두어 번 물리고 효과는 없었다. 헬렌의 발작은 체력이 남아 있을 때까지 계속됐다.

나도 헬렌의 표정이 너무도 끔찍해서 마주 보기가 어려울 정도였다. 보이지 않는 눈을 크게 뜨고 귀를 눕히고 코와 이마에 흉측한 주름을 짓고 있었다. 자기 혀를 깨물었던지 입 안은 피투성이였다. 그 모습에서는 모든 동물에게 느낄 수 있는 새끼로서의 귀여움을 조금도 찾아볼 수 없었다. 이젠 더 기다릴 수 없었다. 나는 내 방에 들어가서 수의사로서 할 수 있는 마지막 처치를 준비하기 시작했다. 그때였다. 밖에서 아내의 목소리가 들렸다.

"여보! 이것 봐요. 헬렌의 얼굴이 다시 편안해졌어요."

아내는 헬렌을 두 팔로 안고 울먹이고 있었다. 들여다보니 정말 아내 말대로 새끼 여우 특유의 귀여운 얼굴로 돌아와 있었다. 아내가 타월로 헬렌을 감싸 안아 좌우로 흔들며 자장가를 불렀더니 발작이 멈췄다고 했다. 나는 준비하던 작업을 중지했다.

그 뒤 헬렌의 발작은 많이 호전됐다. 그 대신 헬렌이 발작할 때마다 아내의 자장가가 일이 됐다. 그러나 헬렌의 체력은 날로 약해졌고, 며칠 전부터는 먹던 우유도 넘기지 못하고 다시 밖으로 흘렸다. 몸 전체가 삶을 거부하는 것 같았다. 그런데 이상하게도 헬렌의 표정은 점점 순해져 갔다.

5월 31일 오전 4시 20분, 헬렌은 몸을 약간 떨었다. 그 작은 떨림은 헬렌이 나와 아내에게 작별을 고하는 몸짓이었다. 우리는 '헬렌'에게 '설리번'이 되지 못했다.

"헬렌이 귀여운 얼굴을 되찾고 떠났어요."

아내의 이 말이 지난 3주 동안의 고생에 대한 유일한 위로였다.

6월
산나물과 함께 찾아온
진료소 손님들

글 첫머리부터 점잖지 못한 이야기라서 좀 쑥스러운데, 실은 들에서 볼일을 본 적이 있다. 그만큼 사정이 급했다. 이런 일은 그렇게 수월하게 끝나지 않는다. 그 뒤처리가 또 사람을 곤혹스럽게 한다. 다행히 휴지를 갖고 있으면 몰라도 그것마저 없을 때는 그야말로 울고 싶어진다. 아무도 없는 산속일 때는 남의 눈을 걱정하지 않아도 되지만 밑을 닦을 휴지가 없는 현실은 변함이 없다. 그래서 뒤를 볼 자리를 정할 때부터 가까이에 휴지 대용품이 있는지를 잘 살펴야 한다.

그런 점에서 나는 봄이 좋다. 6월에 자라는 왕호장근은 잎이 크고 봄에는 특히 부드러워서 밑씻개로 쓰기에 좋다. 이른 봄에 왕호장근의 부드러운 줄기를 꺾어 씹어 보면, 어릴 때 규슈에서 배고플 때 꺾어 씹던 수영 줄기가 생각난다. 입 안 가득히 새콤달콤한 즙이 고인다. 살짝 데쳐서 된장이나 간장과 마요네즈를 푼 것에 버무려도 제맛이라고 친구 S가 그랬다.

홋카이도 중앙부 해안에 고조하마虎杖浜해변이 있다. 그 지명의 한자로 보아 왕호장근王虎杖根의 대군락이었을 것으로 추측된다. 시레토코반도의 해안부는 그야말로 왕호장근의 대군락지다. 어부들이 임

왕호장근이 우거진 수풀 속에서 불쑥 나타난 큰곰.

시 거처로 쓰려고 지은 움막이 군데군데 서 있는 오솔길은 온통 왕호장근으로 뒤덮여 긴 터널을 이루고 있다. 왕호장근의 줄기는 3미터나 자라기 때문에 터널을 이루곤 한다. 그 밑을 지나려면 약간의 담력이 필요한데 큰곰이 언제 나타날지 모르기 때문이다. 언젠가 혼이 난 일도 있는데 지금도 그 생각만 하면 식은땀이 흐른다.

그러나 위협적인 곰이 있는 시레토코가 아니라면 왕호장근의 군락지는 괜찮은 곳이다. 휴지 대용품이 손에 닿는 거리에 얼마든지 있으니 볼일을 보는 장소로 최적이다. 아이누족도 세모꼴의 어린잎을 말려서 밑씻개로 썼다고 하니 나도 언젠가 한번 따라 해 보고 싶다.

탄자니아를 여행하던 때의 이야기다. 초원 여기저기에 잎에 솜 같은 흰 털이 많이 나 있는 식물이 있었다. 안내하던 미야기 여사가 그걸 가리키며 "마사이족들의 밑씻개, '올레레슈아'라고 부르는 풀이에요"라고 말했다. 그 말린 잎으로 밑을 닦는다고 했다. 부드러운데다가 은은한 향기마저 났다. 땀을 억제하고 살균에도 효과가 있다니 마사이족의 방취제라는 말이 있을 법하다. 마사이의 젊은 전사가 좋아하는 여자와 데이트할 때 겨드랑이의 땀을 씻고 그 향을 옮겼다니, 일종의 허브라 하겠다. 허브로 밑을 닦다니. 이것참, 호사도 이만저만이 아니다.

휴지가 없던 역사는 길다. 그런 역사 속에 살던 사람들의 생활에 이런 문화는 없었을까? 왕호장근 잎에 대해 더 알고 싶어진다.

• • •

잉어의 산란이 시작됐다. 붉은여우의 굴 앞을 보고 있으면 바로 알 수 있다. 6월의 아침, '꿱 꿱 꿱' 하고 울음소리가 난다. 흰꼬리수리 소리다. 처음에는 내 관찰용 은신처인 승합차가 서 있는 호숫가의 숲속에서 들렸다.

"꿱 꿱 꿰 칵 칵 칵."

흰꼬리수리의 소리가 점점 가까이 들린다. 그리고 분명히 내 승합차 쪽으로 오고 있는 것이 분명하다.

내 아지트는 포플러 숲으로 된 방풍림 속에 있다. 승합차의 창문에서 25미터쯤 떨어진 곳에 여우 굴들이 한 줄로 보인다. 일곱 개 정도다. 해에 따라 그 수가 한두 개 늘었다 줄었다 하지만 적을 때도 여섯 개는 된다. 그 땅굴 속에 사는 여우들과 사귀어 온 지도 벌써 35년이나 되었다.

관찰 장소로 승합차를 이용하면 여러모로 편리하다. 겨울에도 추위를 걱정하지 않아도 되고 언제나 맥주 정도는 마실 수 있다. 책도 쌓아 놓을 수 있고 카메라 삼각대도 고정되어 있다. 침낭은 물론 원고지를 받쳐 주는 작은 탁자도 있으니, 이를테면 침실 겸 서재인 셈이다. 또 한가하게 맥주를 마시며 여우를 관찰할 수 있는 곳이다. 이렇게 몇 년을 지내다 보니 이곳 주변의 변화에 대해서는 뭐든지 알 것 같다.

"칵 칵 칵 꿱 꿱 꿱."

가까워지는 흰꼬리수리의 소리만 들어도 여우가 집으로 뛰어가는 것을 보지 않고도 알 수 있다.

그때 집 앞에 늘어선 새끼 여우들이 어미를 맞이하는 광경이 보

큰 잉어를 물어 나르는 어미 여우.

였다. 어미 여우 입에는 큰 잉어 한 마리가 물려 있다. 가슴을 잔뜩 펴고 있는 것은 뽐내려는 것이 아니고 머리를 곤추세우고 사지를 펴지 않으면 입에 물고 있는 잉어가 너무 커서 땅에 끌리기 때문이다. 새끼들이 동시에 어미 입을 향해 달려든다. 그리고 운 좋은 새끼 한 마리가 잉어를 물어 채고는 '꺄 꺄' 소리를 지른다. 그런데 잉어의 덩치가 크다 보니 마음대로 움직여지지 않는다. 그래서 한 놈이 달려들었다 떨어지고 또 한 놈이 물었다 놓치고 하며 분위기만 한층 살벌해진다. 새끼들끼리 소용 없는 돌격을 되풀이하면서 조금씩 먹이를 처리하는 요령을 배워나가는 것이겠지.

갑자기 검은 그림자가 지면을 흘러갔다. 새끼 여우들이 순간 멈칫했으나 그뿐이다. 포플러의 가지가 흔들리면서 바삭바삭 소리를 내고 흰꼬리수리가 거기에 앉았다는 것을 알렸지만, 더 이상의 변화는 없다. 흰꼬리수리가 가지 위에서 부러운 듯 밑에서 벌어지고 있는 광경을 내려다보고 있다. 밑에서 벌어지는 먹이 쟁탈전은 아직 끝나지 않았다. 그러나 얼마 뒤 새끼 한 마리가 지치도록 먹이를 떼 먹고는 '퉤!' 하고 잉어 곁에서 떨어진다. 그 빈자리를 다음 놈이 차지한다. 그렇게 잉어의 형체를 알아볼 수 없을 때까지 새끼 여우들의 전쟁은 계속됐다. 그동안 나뭇가지 위에 있던 흰꼬리수리가 몇 번이고 새끼 여우들 위로 급강하를 했으나 새끼 여우들을 잠시 멈칫하게 했을 뿐이다. 새끼 여우들이 한 놈도 빠짐없이 배를 불리고 난 후 찌꺼기를 먹은 적은 있지만 흰꼬리수리가 여우한테서 잉어를 가로채는 것은 한 번도 보지 못했다.

승합차에서 남쪽으로 200미터쯤 떨어진 곳에 큰 호수가 있다. 봄과 가을이면 3천 마리도 넘게 큰고니들이 모여든다. 번식지인 북쪽으로 가는 길목과 겨울을 나러 남쪽으로 가는 길목이 교차하는 곳이다. 6월에 호수의 얕은 곳에 자라는 수초와 마른 풀들은 잉어와 붕어들의 산란장이 된다. 그때까지 호수의 깊은 곳에서 살던 잉어와 붕어들이 얕은 물로 찾아든다. 처음에는 겨우 그 모습이 보일락 말락 하는 얕은 물속에서 짝짓기의 전주곡을 벌이다가 마침내 등지느러미가 수면 위로 나올 만큼 얕은 곳으로 옮긴다. 그곳에서 암컷을 쫓아 모여드는 수컷의 수는 헤아릴 수가 없을 정도로 많다. 사랑에 정신이 팔린 자는 적에 대해 언제나 무방비다. 당연히 그것을 보고 히죽거리는 자가 등장한다. 물고기를 주식으로 삼는 흰꼬리수리와 새끼를 위해 먹이를 구하는 여우들이다.

 이 계절, 호수는 모든 자에게 주요한 사냥터가 된다. 여우굴 주변에서 붉은여우와 흰꼬리수리가 주고받는 흥정의 사냥이 사흘을 넘기는 날, 나도 근처의 마을 사람들에게 작살과 사내끼를 빌려 들고 호수로 나간다. 예부터 사람은 야생동물로부터 여러 가지를 배우며 진화해 왔다. 맥주를 한 손에 들고 여우를 관찰하면서 나도 여러 가지를 배우고 있다. 지금도 계속 진화하고 있는 셈이다.

• • •

 6월은 산나물의 계절이다. 입원 환자가 늘 있는 우리 집과 산나물의 관계는 깊다. 옆집에 사는 다카노 씨가 "수의사님, 땅두릅 좀 얻을 수 있어요?" 하며 찾아왔었다. 그 며칠 뒤에는 한 친구가 찾아와 머위를 캐러 가자고 했다. 그날 밤 아내가 유단포 커버를 빨아 널면서 한마디 했다.

상자 안의 유괴된 새끼 물오리들.

"점점 바빠지겠네요."

아니나 다를까 다음 날 낮에 환자가 나타났다. "선생님, 고아예요" 하며 한 남자가 골판지 상자를 들고 왔다.

'상자 크기로 봐서 보나마나 새끼 오리겠지.'

역시 새끼 물오리였다. 그것도 일곱 마리나 들어 있었다. 그는 상자를 내려놓으며 설명을 시작했다.

"쓰러진 나무 밑에서 삑삑 울어 대며 웅크리고 있었어요. 어미 오리가 없길래 그 옆에서 어미가 오기를 기다렸지만 1시간이 지나도 오지 않는 거예요. 그대로 두고 오면 여우에게 잡아먹힐까 걱정되어 할 수 없이 데리고 왔죠."

숲속에서 이유 없이 쓰러진 나무 밑을 들여다볼 리 없다. 왜 나무 밑을 들여다봤냐고 물었더니, 아니나 다를까 고비를 따러 갔다고 한다. 고비, 땅두릅, 고사리, 산마늘, 미나리, 말나물 등등. 아무튼 뭔가를 따러 갔다는 얘기다.

산나물을 캐러 가면 늘 있을 수 있는 일이다. 다만 그것이 우리 집의 환자가 되느냐 아니냐는 발견한 사람의 마음에 달렸다. 이렇게 정이 넘치는 사람들 때문에 우리 집에는 환자가 끊이지 않는다. 그러나 이런 사람들의 행위는 자비라기보다는 유괴에 더 가깝다. 어미 새는 새끼를 함부로 버리지 않는다. 둥지에 접근하는 침입자로부터 잠시 자기 몸을 숨겼을 뿐이다. 그러나 나의 이런 설명을 그들은 순순히 받아들이지 못한다.

"새끼를 두고 피하다니요, 자기만 도망갈 수가 있어요? 내가 그 옆에서 1시간이나 어미가 오는지 기다렸는데요."

결국 자비심에 흠뻑 젖어 있는 사람에게 지기 마련이다. 이래서 내 병원은 번창하고 살림은 궁색해진다.

야생동물은 사람처럼 자기 새끼를 버리지 않는다.

'그 환자가 새끼 오리가 아니고 새끼 사슴이었다면 어땠을까?'

그렇지 않기를 바랄 뿐이다. 가족만 살기에도 비좁은 우리 집을 한번 상상해 보라. 산나물의 계절은 나를 조마조마하게 만든다.

• • •

관찰용 은신처인 승합차를 세워 두는 목장 한가운데에 예전에 커다란 떡느릅나무가 있었다. 나무는 내가 40년 전에 여기 왔을 때는 아직 건재했고, 여름에는 나무의 큰 그늘 밑으로 소들이 모여들었다. 나도 가끔 그 그늘 밑에서 낮잠을 자곤 했다. 나무가 서 있던 곳은 목장주인인 다무라 씨의 오래된 집이 있던 자리로, 양쪽으로 완만하게 경사진 목초지의 중앙이다. 그곳은 움푹 팬 저지대다. 정착 초기에는 물이 나와서 거기에 집을 지었을 테지만 개간이 진행되면서 주변의 숲이 모두 사라지고 밭이 들어서는 바람에 봄이 되면 그곳으로 눈 녹은 물이 모여들었다. 그래서 다무라 씨는 서쪽의 약간 높은 지대로 집을 옮겼다.

다무라 씨는 산 짐승이라면 뭐든지 좋아하는 사람이다. 목장에서 기르는 100마리가 넘는 모든 소에게 하나하나 별명을 붙였고 20마리가 넘는 고양이들도 그 반수가 이름이 있었다. 집 주변에는 백 년이 넘은 각종 나무들이 자랐고 20그루 정도가 다무라 씨의 집을 둘러싸고 있었다. 집을 옮긴 뒤에도 나무는 잘리지 않아 그대로 목장 한복판에 숲처럼 서 있었다.

그런데 집을 옮긴 지 몇 년 뒤에 나무들 가운데 몇 그루가 죽어 버렸다. 이른 봄에 나무 밑동이 물에 오래 잠겼던 탓이었을 것이다. 다무라 씨는 그래도 썩은 나무들을 자르지 않았다. 그래서 바람이 세게 불거나 눈이 쌓이면 가지들이 버티지 못하고 꺾였다. "저렇게 된 바에야 자르지 그래요?"라고 물으면 "찌르레기가 올해는 두 쌍이나 둥지를 틀었는걸요" 하며 그는 나뭇가지가 갈라진 틈을 가리켰다.

어느 해에는 딱따구리가 그곳에 새끼를 낳았다며 기뻐하기도 했다. 태풍으로 큰 가지가 두 군데나 꺾인 적이 있다. 그리고 그해에는 땅에 떨어진 가지 주위가 새끼 여우들의 놀이터가 됐다. 노는 데 정신이 팔려 어미 여우한테 꾸중을 듣는 장면도 볼 수 있었다. 그리고 몇 해가 흐른 어느 겨울, 하룻밤 사이의 심한 눈보라로 얼마 안 되는 가지들까지 꺾여 나가자 나무는 멀리서 보면 마치 토템폴_{부족의 상징물을 새겨 세운 기둥}처럼 보였다. 어느 6월에 그 토템폴에 버섯이 피어 있는 것을 보았다. 황금색 노랑느타리였다. 엄청나게 많았다. 나는 다무라 씨와 둘이서 일주일 내내 실컷 먹었다. 그 다음 해부터 주변에 사는 사람들도 토템폴에 황금색 꽃이 피는 걸 기다리게 됐다.

올해에도 토템폴에서 자란 노랑느타리는 우리 집 식탁에 올라 가족들을 흐뭇하게 해 준다. 아침 일찍 나는 루샤_{루사강과 뎃판베쓰강을 포함한 시레토코의 한} 지역로 떠났다. 그곳은 관계자 이외에는 출입이 금지된 구역이다. 숲길 한가운데의 크고 흰 돌이 나를 가로막고 있었다. 큰곰의 똥 무더기인 것 같았다. 차에서 내려 가까이 가 보니 정말 크기도 크다. 한 아름은 될 것 같다. 내용물은 모두 노랑느타리였다.

다람쥐의 디저트는 산현호색 꽃.

관찰 내용을 기록하면서 '이 정도 분량이라면 다무라 씨 목장의 토템폴에 난 버섯의 두 배는 먹었겠구나'라는 엉뚱한 생각이 들었다.

• • •

얀베쓰강 주변의 숲에서 다람쥐를 보고 올 때면 언제나 산현호색 꽃을 한 움큼 따 오는 버릇이 생겼다. 봄은 다람쥐의 식욕이 왕성해지는 계절이다. 교미가 끝난 뒤에 거의 2주 동안 줄곧 먹기만 한다. 1년에 한 번 새끼를 낳아 기르는 이 시기에는 암컷 다람쥐 대부분이 새끼를 가지고 있어서 그 식욕이 대단하다. 어느 날 시간을 내서 그들을 관찰했다. 다람쥐들은 내가 보고 있는 동안 쉬고 먹고, 쉬고 먹고를 반복했다. 봄에는 숲에 먹을 것이 많다. 새싹과 어린잎들이다. 그리고 작년에 땅속에 묻어 둔 도토리와 풀씨도 있다. 그들은 먹기 바쁘고 사이사이에 양지바른 곳에서 꾸벅거리며 졸기도 한다. 나는 다람쥐를 따라가다가 가끔 추적에 실패한다. 그놈이 졸고 있는 걸 한참 보다가 나도 그만 꾸벅 졸기 때문이다.

이맘때 물참나무 숲에는 여기저기 보라색 꽃밭이 생긴다. 산현호색 군락으로 다람쥐들은 으레 그 꽃밭에 들러 꽃을 먹는다. 뒷다리로 몸을 곧추세우고 앞다리로 꽃을 쥐고 먹는다. 오물오물 쉴 새 없이 움직이는 입이 귀엽다. 입을 움직일 때마다 귀도 함께 움직인다. 그것에 맞춰 꽃밭도 흔들린다. 흔들리던 꽃밭이 갑자기 멎었다. 다람쥐가 식사를 멈춘 것이다. 쌍안경으로 보니 그 자리에 가만히 서 있다.

'왜 저럴까? 뭔가 경계하는 것일까?'

그게 아니었다. 눈을 감고 졸고 있는 것이다.

'아하, 먹다가 지친 걸까?'

그러다가 1분도 안 돼서 다시 눈을 뜨고 먹기 시작한다. 꽃밭이 다시 움직인다.

지복至福 더없는 행복이라는 말이 있다. 다람쥐가 바로 지금 그런 행복을 누리고 있는 것이다. 지그시 눈을 감는 모습과 졸음에서 깨어나 당황하지도 않고 아무 일 없었던 것처럼 다시 꽃을 먹는 저 표정이야말로 '지복' 그 자체가 아닐까. 나도 저 다람쥐처럼 산현호색 꽃을 먹어 봤으면 그리고 행복한 순간을 가져 봤으면….

나는 그날 밤, 낮에 따온 보라색 꽃으로 나물을 무치고 튀김도 만들었다. 맥주 안주로는 그만이다. 나도 다람쥐가 누리던 행복한 순간을 조금은 맛본 셈이다.

• • •

나비를 봤다고 친구가 전화로 알려 왔다. "올해는 아바시리에서야"라고 그는 덧붙였다. 상제나비 이야기다.

지난 1989년 6월, 나는 모래 언덕의 그늘에 백목련 꽃이 피어 있는 것을 보았다. 그러나 곧 내가 잘못 봤다는 것을 알았다. 백목련은 모래 언덕에서는 자라지 않는다. 그렇다면 나무수국일 것이라고 생각했다. 흰 꽃이 군락을 이루고 있었던 것이다. 그것도 아니라는 것을 안 것은 며칠 뒤였다. 꽃이 움직이고 있었다. 바람에 흔들리는 것이 아니었다. 가까이 가서 봤더니 나뭇잎에 400마리가 넘는 상제나비의 무리가 앉아 있었다. 나비 가운데 한 장소에서 100마리 이상의 번데기가 동시에 성충이 되는 종이 있다는 것을 그때까지 몰랐다.

　나비들이 한 장소에 동시에 알을 낳고, 그 알이 부화한 애벌레들이 같은 장소에서 자라서 한꺼번에 번데기가 되어야 이처럼 나비가 대량으로 발생할 수 있다. 그 가운데 한 과정이라도 조건이 안 맞으면 한 나무에 꽃이 피듯 나비가 발생하지 못한다. 일본에서는 상제나비의 친척뻘이 되는 눈나비가 혼슈 중앙의 산악 지대에 서식하고 있다. 고산에서 사는 나비인 셈이다. 상제나비가 그 나비와 비슷한 생태를 가지고 있다는 것을 지금까지 몰랐던 것이다.

　나는 모래 언덕에 자주 가 보기 시작했다. 3년째 찾았을 때는 나비의 발생 수가 1만 마리를 넘겼다. 상제나비는 배추흰나비보다 큰 나비로 눈에 잘 띈다. 그런데 왜 지금까지 이곳 사람들 입에 그 나비 이야기가 오르내리지 않았을까? 그 이유는 상제나비가 발생하는 나무가 털야광나무이기 때문이다. 털야광나무는 이 지방 어디에나 있는 야생 나무인데 대부분 거의 국유림 안의 모래 언덕에 있다. 일반적으로 상제나비의 먹이는 정원수인 명자나무의 잎이다. 가끔 배나 사과나무 잎을 먹기도 하지만 거의 1년을 넘기지 못한다. 해충으로 취급해 약을 뿌려 없애 버리기 때문이다. 돈이 되는 것이 적은 살아남지 못한다. 이것이 산업의 논리다.

　그런데 털야광나무는 돈이 되는 나무가 아니다. 게다가 국유림 안에서 자란다. 그러니 사람들이 신경도 쓰지 않았던 것이다. 5년째 되던 해, 상제나비의 발생 수는 10만이 넘었다. 나는 그해의 5월에 잎이 무성한 털야광나무가 나비 애벌레 때문에 비명을 지르고 있는 것을 보고 친구 하라다 씨와 함께 그곳에 갔다. 그리고 그에게 높이 6미터의 전망대를 만들어 달라고 부탁했다. 그는 열흘 뒤

흰 꽃이 핀 것처럼 나무를 뒤덮은 상제나비 떼.

에 쓸 수 있게 해 주겠다고 약속했다. 10만이 넘는 나비의 대발생 장면을 전망대 위에서 내려다보며 사진을 찍을 셈이었다.

그러나 열흘 뒤에 하라다 씨가 애써 만들어 준 전망대는 쓸모없게 돼 버렸다. 그 많던 나비 떼가 전멸한 것이다. 무슨 이유인지는 모르지만 부화 전에 모든 애벌레가―마치 농약이라도 뿌려진 것처럼―모두 죽어서 땅을 뒤덮었다. 대발생이 갑작스럽게 멈춘 것이다. 그것을 목격한 하라다 씨와 나는 유전자 속에 새겨진 듯한 자연계의 율법 앞에 한동안 넋을 잃고 서 있었다.

그 뒤 사할린에 가려고 들른 하바롭스크의 교외에서 큰 떼로 뭉친 상제나비를 보았다. 당시 러시아 여행은 여행자가 세운 일정대로 진행되지 않는 경우가 많았기 때문에 그곳에 2, 3일쯤 발이 묶이기를 속으로 바랐다. 그런데 예정대로 다음 날 목적지로 간다고 해서 그날 부리나케 나비를 쫓아다녔다. 상제나비가 거기에도 있는 것을 보고 생물학적으로나 지리적으로 홋카이도가 시베리아의 일부라는 것을 몸으로 느낄 수 있었다.

그 후 10여 년의 세월이 지났다. 지금도 6월이 되면 상제나비가 궁금하다. 자연은 대발생을 허락하지 않는다고 하지만 그때처럼 예외가 있어도 좋겠다는 생각을 해 본다.

• • •

저녁 무렵 뜰에 어지럽게 자란 쐐기풀을 베려고 낫을 갈고 있는데 아내가 그 일이라면 내일 낮에 하는 것이 좋겠다고 한다. 모기가 나돌기 시작했다는 것이다. 그래서 주저없이 하려던 풀베기를 그만뒀다. 모기나 등에와 싸워 봐야 언제나 사람이 손해 보기 마련이니까.

시레토코반도의 아래쪽에 위치한 샤리와 반도의 중간쯤에 있는 우토로 사이에는 꽤 높은 산줄기가 달리고 있다. 학창 시절 때니까 벌써 40년도 더 되었는데 그때 나는 미련하게도 2년 안에 시레토코의 큰 봉우리들을 종주한다는 마음을 먹고, 첫 목표로 정한 샤리와 우토로의 중간에 있는 우나베쓰산 1419m을 오르기 시작했다. 풀이 무성한 산길을 걸었다. 여름이라서 땀이 빗물처럼 흘렀지만 쉴 수도 없었다.

시레토코의 등산이 모기떼와의 싸움이 되리라고는 미처 몰랐다. 시레토코의 모기는 우선 크기가 대형이다. 내가 그때까지 알고 있던 다른 어떤 모기들과는 비교도 안 될 만큼 컸다. 나중에 안 사실이지만 그 모기들은 '가라후토모기'로 불리는데, 피를 빨려서 움직이지 못하게 된 토끼 이야기며, 모기에 뜯기다가 나무 밑으로 떨어진 어린 새 이야기 등 그 모기를 둘러싼 믿기 어려운 일화가 한둘이 아니었다.

사실 나는 빈혈은 면했지만 밤낮으로 쉴 새 없는 그놈들의 공격에 잠이 모자라서 극도의 피로감에 시달려야 했다. 휴대용 모기향도 없던 그 당시, 내가 가는 곳마다 계속 따라 붙어 괴롭히던 모기들을 생각하면 지금도 소름이 끼친다. 그러나 시레토코의 자연이 사람을 접근시키지 않고 지금처럼 잘 보전된 데는 큰곰과 가라후토모기의 공이 크다. 스스로를 지키려는 자연의 저항력에 비하면 인간이 펼치는 자연보호 운동 따위는 너무나 보잘 것 없게 느껴진다.

언젠가 미국 시카고의 어느 백화점이 입구에 큰 솥을 비치해 놓고 사람들이 몸에 달라붙은 모기를 털어 낸 다음 백화점 안으로 들어가게 했다는 글을 책에서 읽었는데, 지구의 북쪽으로 갈수록 거기 사는 모기는 더욱 극성스러운가 보다.

그 후 가라후토모기의 본 고장인 가라후토지금의 사할린를 지나간 일이 있다. 가라후토의 남쪽 끝에서 북쪽 끝의 슈밋반도까지 종단했을 때의 일이다. 그 여행 이야기를 들은 한 친구가 "헌혈 여행에 얼마나 고생이 많았냐?"며 위문인지 장난인지 모를 편지를 보내왔을 정도의 여행이었다. 함께 간 딸아이에게는 미안했지만 1분 동안 그대로 서 있게 하고 몸에 붙은 모기를 사진으로 찍어 그 수를 세어 봤더니 200마리가 넘었다. 이런 경우에는 잠시도 멈추지 말고 몸을 움직여야만 한다. 걸을 때는 좀 나은 편이지만 멈추면 큰일이다.

제일 두려운 것은 생리 현상이다. 오줌이나 대변을 눌 생각만 해도 미칠 지경이다. 그러다가 결국 어쩔 수 없이 볼일을 보게 된다. 그런데 모기는 바람에 약하다. 바람은 셀수록 좋다. 모기를 날려 버릴 수 있으니까. 그래서 함께 간 일행은 모두 거센 바람을 바랐다. 바람이 부는 곳이 아니면 볼일을 볼 수 없었다. 그러다가 바람이 없는 날에는 이상하게도 마렵지가 않게 되었다. '사람의 몸이란 놀랍도록 환경에 적응하는구나' 하고 감동했다. 거기서는 웬만큼 노력하지 않으면 빈혈에 걸릴 수밖에 없다. 그곳 또한 시레토코처럼 모기들이 많아서 사람들을 괴롭히며 인간이라는 종이 진입하려는 움직임을 계속 막아 왔던 것이다.

어느 해 여름, 수도권에 있는 고등학교의 학생들이 우리 재단이 운영하는 야외 교육 현장인 '오호츠크의 마을'로 자연을 배우러 왔었다. 이곳은 우리 고장의 한가운데를 통과하는 얀베쓰강의 하구 근처에 있다. 말하자면 바다로 향한 삼각주 지대로 당연히 습지대다. 오호츠크의 마을의 중심에는 습지대에 조림된 인공림이 있다. 북쪽 습지대의 숲이 어떤 곳인지 한번 상상해 보라. 기세당당하게 숲에 들어갔던 젊은이들이 10분도 못 되어 도망쳐 나오는 곳이다. 가라후토모기 떼에 내쫓긴 것이다. 이것이 북쪽 고장의 자연이다. 북쪽 땅에 아직도 인간이 범접할 수 없는 자연이 있다는 것은 인류를 위해 다행스러운 일이다.

7월
자연을 있는 그대로 연출하는 시레토코

 목초를 베는 작업은 낮은 지대에서 시작해 산 부근의 높은 지대로 이동한다. 산에 가까워질수록 땅의 기복이 심해져서 어떤 곳은 초지 구실을 하지 못한다. 그래서 홋카이도 개간 백 년의 역사는 농지조성이 그 근간을 이룬다. 벼농사를 위주로 하는 일본 사람답게 우선 무논(물이 괴어 있는 논)을 만든다. 무논으로 만들지 못하는 곳은 밭으로 개간한다. 논이나 밭으로 쓸 수 없는 땅에는 목초의 씨를 뿌렸다. 개척자들이 많이 들어오고, 더 이상 개간할 데가 없어진 뒤에도 사람들의 개발 의욕은 줄지 않았다. 그래서 산간의 얼마 되지 않는 평지를 찾아 그것마저 개간하고 오지에까지 발을 들여놓기 시작했다. 제2차 세계대전이 끝난 뒤에는 중국에서 돌아온 사람들이 모여들어 산에 있는 나무를 자르고 그 자리를 밭으로 만들었다.

 인간의 생활에 맞게 자연을 바꿔 나가면 그 자리에서 살던 야생동물들은 자기들의 삶의 터전이 좁아져 당황해하지만, 한편에서는 그렇게 되는 것을 좋아하는 동물들도 생긴다. 여우와 눈토끼와 검은딱새는 주변이 확 트인 들판을 좋아한다. 특히 산지에 새로 생기는 밭이나 초지는 눈토끼에게 천국이다. 산지의 땅은 대개 울퉁불퉁해서 그곳에 밭을 만들어 봤자 띄엄띄엄 조각난 밭밖에 만들 수

트랙터가 제초기를 달고 목초를 베고 있다.

다리뼈가 부러진 새끼 눈토끼.

없고, 주변 땅 대부분이 황무지로 남는다. 풀숲이 우거지고 크고 작은 바위가 튀어나온 황무지는 눈토끼에게 둘도 없는 낙원이다. 첫째로 좋은 점은 위험을 느낄 때 도망가거나 숨을 장소가 얼마든지 가까이 있다는 것이다. 눈토끼의 천적인 뿔매가 나타나도 곧 바위 뒤에 숨거나 수풀 속으로 뛰어들면 된다. 거기라면 여우를 피해 몸을 숨기기도 쉬울 뿐 아니라 먹을 풀도 얼마든지 있다.

그곳을 초지가 아닌 밭으로 쓴다 해도 그런 곳에 심는 것은 정해져 있다. 주로 콩과 메밀인데 이것들은 토끼가 얼씨구나 하고 좋아하는 먹잇감이다. 그래서 보통 콩밭과 메밀밭은 얼마 안 가서 초지로 바뀌기 마련이다. 거기에 콩과 메밀 씨를 뿌린 농부가 결국 두 손을 들고 목초의 씨를 뿌리게 될 테니까. 7월에 그런 초지의 첫 풀베기가 시작되면 우리 집 진료소는 바빠진다. 상처 입은 새끼 눈토끼들이 줄줄이 실려 오기 때문이다. 이맘때 초지는 눈토끼의 분만실이자 육아실이기도 하다. 도망갈 데가 얼마든지 있는 산속의 초지는 평소 토끼에게 안전하고 마음 놓이는 장소지만, 사람들이 그곳의 목초를 베고 거둬들이는 7월이 되면 이야기는 달라진다. 토끼들의 낙원은 하룻밤 사이에 전쟁터로 바뀐다.

홋카이도의 농지는 모양이 정사각형 아니면 직사각형이다. 넓은 대지에서 농사를 지으려면 기계를 사용할 수밖에 없는데, 그러려면 농지는 기계가 충분히 움직일 수 있을 정도로 넓고 반듯해야 한다. 그래서 이곳 농지는 그 경계가 모두 직선으로 곡선은 찾아보기 힘들다.

'모아'라고 불리는 제초기가 있는데 머리를 깎는 바리캉과 비슷한 원리로 작동한다. 이 제초기를 부착한 트랙터가 지나가면 풀이

싹싹 잘려 나간다. 트랙터는 회전 반경이 커서 작은 원을 그리며 돌지 못한다. 그래서 목초를 벨 때는 밭의 바깥쪽부터 큰 원을 그리며 돌면서 점점 안쪽으로 좁혀 들어간다. 초지에 살고 있는 눈토끼들이 이것을 알 리 없다. 트랙터 소리를 듣기는 하지만 밭의 가장자리에서 나는 소리라고만 생각하는지 트랙터가 실제로는 안쪽으로 조금씩 좁혀 들어오고 있다는 사실을 한동안 느끼지 못한다.

자연에서 동물이 맞닥뜨리는 위기는 언제나 직선적으로 다가오기 때문에 위험을 예감하자마자 곧 실제 위험에 부딪치는 것이 보통이다. 트랙터는 먼 곳에서 눈토끼들 주위를 돌며 위험을 예고하지만 몸을 피해야 하는 결정적인 순간을 알리지는 못한다. 그래서 눈토끼들은 소리가 가까워지면 불과 몇 미터만 몸을 이동시킬 뿐이다. 우선 그들은 트랙터 소리에 반응할 만큼 학습이 되어 있지 않다. 사실 이 정도의 소란에 도망친다면 홋카이도의 농촌에서 살아갈 수 없을 것이다. 그래서 그냥 모르는 척 하며 소리가 가까워져도 겨우 몇 미터만 몸을 피할 뿐이다.

그러다가 마침내 토끼는 현실을 깨닫고 기겁을 한다. 정신을 차렸을 때는 이미 숨을 데가 없는 허허벌판에 서 있게 된다. 그제야 눈토끼는 걸음아 나 살려라 도망치지만, 태어난 지 얼마 안 된 어린 토끼들은 넋을 잃고 서 있을 수밖에 없다. 비극은 그 직후에 일어난다. 제초기의 날 끝이 땅을 스치듯 지나갈 때 몸을 피하지 못한 새끼 눈토끼는 귀나 다리가 잘려서 결국 농부의 팔에 안겨 우리 집 현관을 두드린다. 풀베기가 끝난 목초지에는 솔개가 하늘을 날고 까마귀가 여기저기를 기웃거린다. 때로는 말똥가리, 매, 뿔매들이 날아온다. 한동안 붉은여우가 먹이를 찾아 달리기도 한다. 상처

입은 새끼 토끼를 잡아먹기 위해서다. 7월은 어린 눈토끼들에게 수난의 계절이다.

• • •

일본사슴 떼가 지나간다. 떨어져 오던 어미와 새끼 사슴이 무리에 합류하고 있었다. 이럴 때 종종 새끼 사슴이 딴 암사슴을 자기 어미로 잘못 알고 혼이 나는 광경이 벌어진다.

어미의 젖을 단숨에 먹지 않고 찔끔찔끔 빨려는 새끼 사슴이 있었다. 어미 사슴은 귀찮아서 도망쳐 버리고 새끼는 허둥지둥 뒤따랐지만 사슴 떼 속에서 그만 어미를 잃고 말았다.

두리번거리다가 어미 사슴인 줄 알고 다른 암사슴 뒷다리 사이로 머리를 들이밀어 보지만 '탁!' 하고 차인다. 새끼는 어미 사슴이 자기에게 왜 그렇게 하는지 알지 못한다. 다시 다리 사이로 머리를 넣었다가 또 한 번 '탁'. 그제야 제 어미가 아닌 것을 알고 두리번거리며 어미 사슴을 찾는다.

'아하! 저기 있구나.'

저쪽에 새끼를 데리고 있는 암사슴이 있다. 이제야 찾았다 싶어 다시 머리를 다리 사이로 넣어 보지만 이번에는 '탁!'이 아니라 '쾅!' 하고 머리로 떠받힌다. 너무 아파서 비틀거리다가 다시 가까이 있는 어린 수사슴한테 다가가다가 또 '쾅'. 결국 20분 정도 헤매다가 겨우 어미 사슴을 만났다. 집단을 이뤄 사는 생물은 그 속에서 실패를 되풀이하며 조금씩 성장하는, 그런 시기가 꼭 필요한 모양이다.

한낮이 지나자 수컷 무리가 찾아와 암컷 무리에 합류했다. 수컷들의 새로 나온 어린 뿔이 퍽 무거워 보인다. 그중 한 마리는 뿔이 순록처럼 그 끝의 절반가량이 판자처럼 변해서 무거워 보였다. 이런 뿔은 해열에 특효가 있다고 알려져 사냥꾼들의 목표가 된다. 한편 아이누족은 이렇게 뿔이 변한 사슴을 먹으면 설사를 한다며 잡아먹지 않는다는 이야기를 책에서 읽은 적이 있다.

어쨌든 뿔이 특이한 수사슴을 좀 더 지켜보기로 했다. 뿔이 크면 강한 인상을 주기 마련인데 꼭 그렇지만도 않는 것 같다. 먹이를 먹을 때 보면 자기보다 어린놈에게 자리를 빼앗기는가 하면 어느 때는 조심스럽게 구석진 곳에서 먹기도 한다. 쌍안경으로 살펴보니 뿔의 끝에서 피가 나고 있다. 여기저기에 부딪쳐서 그런가 본데 이 정도면 강하다는 것과는 거리가 멀어도 한참 멀다.

무리를 이루고 있는 수컷은 40마리 정도였다. 그리고 잠시도 서로를 가만히 놔두지 않는다. 계속해서 싸움이 벌어지는데 어린 뿔이 단단하지 않기 때문에 쉽게 상처를 입는다. 그래서 이들은 뿔로 공격하지 않고 캥거루처럼 뒷다리로 몸을 지탱하고 서서 두 앞발로 권투하듯 때리며 싸운다. '뻑 뻑' 하는 큰소리가 나기도 하는데 그런 펀치를 맞으면 아찔할 만큼 아플 것이다.

꽤 오래 전 이야기인데 우리 집에 여배우인 가시야마 후미에 씨가 왔다. 텔레비전 방송을 위한 현지촬영 때문이었다. 우리 집에 입원하고 있던 일본사슴과 함께 산책하고 뛰어다니기도 하는 장면을 촬영하다가 일이 벌어졌다. 가시야마 씨가 카메라를 향해 달리고 그 뒤를 우리 집 환자 사슴이 뒤따랐다. 그런데 사슴이 달려가는 미녀 배우 앞을 막아서더니 느닷없이 가시야마 씨의 얼굴을 향

암사슴들이 서로 껴안듯이 싸우고 있다.

수사슴의 어린 뿔은 여기저기 부딪쳐 상처를 입기 쉽다.

해 앞다리를 휘두른 것이다. 야생동물은 단순한 것을 싫어해서 곧 싫증을 내고 그 의사표시로 상대를 공격한다.

돌발 사태에 모두 놀랐지만, 불행 중 다행으로 사슴은 두 살배기여서 미녀 배우보다 일어선 키가 작았고 앞발은 얼굴에 닿지 않았다. 나는 그 며칠 전에 얼굴을 한 대 얻어맞아서 아픈 정도를 잘 알고 있었다. 그 뒤에 가시야마 씨로부터 사슴과 보낸 일이 즐거웠다는 편지를 받았고, 큰일이 벌어지지 않았던 것을 새삼 다행으로 여겼다.

9월이 되면 일본사슴 수컷들이 캥거루처럼 앞발로 싸우는 장면을 더 이상 볼 수 없게 된다. 그 뿔이 본래의 목적대로 쓰이기 때문이다.

・・・

"옛날 사람들은 마을을 돌아다니며 난동을 부리는 마귀를 잡아 불에 태워 재로 만들었다. 그날 밤 그 재가 바람에 날려 등에와 모기와 파리떼로 둔갑했다. 등에와 모기로 변한 마귀는 오늘날까지 사람들을 괴롭히고 있다."

아이누족 사이에 전해 내려오는 옛날이야기다.

대낮의 목초지에서는 한가한 풍경에 어울리지 않게 말과 소, 양과 염소들이 웬일인지 느긋하질 못하다. 밖에서 놀고 있던 개마저 허둥지둥 제 집으로 들어가 숨는다. 사람들도 웬만하면 밖으로 나오지 않는다. 피를 빨아먹는 소등에 때문이다. 흡혈등에는 대형, 중형, 소형의 세 종류가 있는데 특히 대형인 왕소등에는 정말 끔찍하다. 이놈에게 쏘이면 펄쩍 뛸 정도로 아프다. 도시 사람은 한 번이라도 이놈에게 쏘인 뒤로는 그놈의 날개 소리만 듣고도 두려움에 떤다.

과장된 표현이 아니다. 1톤이 넘는 덩치 큰 말이 비명을 지르며 폭주하는 것을 본 적도 있다. 큰곰이나 일본사슴도 소등에를 만날까 봐 이맘때가 되면 등에들이 잘 가지 않는 고산지대나 바람이 세게 부는 산등성이로 몸을 피한다. 내가 살고 있는 곳에서 남쪽으로 산 하나만 넘으면 구시로 지역이다. 그래서 사람들은 흔히 이 산을 '국경'이라고 부른다. 아이누족의 한 노인장은 옛날에 마귀를 잡아 불태운 자리가 바로 이 국경이었다고 말한다. 그래서 등에와 파리매, 모기들이 많다는 것이다. 얼마나 많은지 지금도 이 일대에 등에들이 극성일 때는 풀베기 작업을 중단한다.

하루는 전화 벨소리가 요란하게 울렸다.
"소가 가스로 쓰러졌어요."
다급한 목소리가 들려왔다. 가스란 고창증에 걸렸다는 말이다. 고창증이란 되새김동물의 제1, 2 밥통에 가스가 차서 배가 통통 부어오른 상태를 말하는데, 한마디로 너무 많이 먹어서 생기는 병으로 밥통 안에서는 발효 가스가 갑자기 발생하고 가스가 트림으로 제대로 배출되지 않으면 밥통 안에 가스가 계속 불어난다. 그대로 두면 배를 누르는 힘이 폐까지 압박하게 되고 그러다가 호흡곤란으로 죽기도 한다.

이런 사태가 일어나면 바로 응급처치를 해야 한다. 전화를 걸어온 농부는 "선생님, 오시기 전에 일이 생길 것 같으니 우선 식칼로 응급처치를 하겠습니다" 하고 다급히 전화를 끊었다. 신고대로 환자 소는 배에 식칼이 꽂힌 채로 목초지 한복판에 쓰러져 있었다. 개복수술에는 필요한 순서가 있다. 그러나 긴급한 상황에서 농부들은 그 모든 순서를 무시하곤 한다. 그래서 내가 맡은 뒤처리 작업은 이만저만 큰일이 아니다.

약 1시간 30분 동안, 나는 빈혈로 실신 직전까지 몰리며 수술을 마쳤다. 다량의 피를 보아서 빈혈을 일으킨 것이 아니다. 위의 내용물을 끄집어낼 때 들이마신 가스 때문도 아니다. 그것은 왕소등에의 집중 공격을 받았기 때문이다. 과장해서 한 이야기가 아니냐고? 천만에, 사실 그대로의 이야기다. 수술은 뙤약볕 아래에서 웃통을 벗은 채로 할 수밖에 없다. 조수는 주인 농부다. 온몸에서 땀이 비 오듯 흐르면 땀 냄새를 맡고 등에가 나를 둘러싼다. 나는 알몸이고 내 두 팔은 수술 도구를 들고 있어 딴짓을 할 수도 없다. 조수인 농부도 마찬가지. 어떤 천하장사인들 날 잡아 잡수 하는 수밖에 별도리가 없지 않겠는가! 내 몸 안의 혈액은 점점 줄어들고 아파서 미칠 지경이다. 쓰러지지 않는 것만도 다행이었다.

그 뒤로는 전화를 받고서 현장으로 갈 때는 아무리 급해도 서너 개의 파리채와 등에 잡을 사람을 데리고 간다. 아니면 전화한 농부에게 등에를 잡아 줄 사람을 긴급 수배하라고 지시한다. 그러나 이렇게 한다고 만사가 해결되는 것은 아니다. 도와준답시고 파리채로 내 몸을 사정없이 후려치는 바람에 온몸이 온통 시뻘겋게 부어오른 일도 있으니까.

내 수술실은 해마다 정비되고, 야외에서의 응급처치도 줄었지만 홋카이도는 지금도 이맘때면 마귀의 원한 때문에 마음을 졸인다.

• • •

여름새들이 남쪽으로 이동하기 시작했다. 제일 먼저 출발하는 찌르레기 떼가 바닷가 주변의 털야광나무 숲에서 '갸아 갸아 갸아' 하고 떠들고 있다.

내가 처음으로 들새의 새끼를 키운 것은 초등학교에 입학하기 전이다. 새끼 찌르레기였다. 내가 어릴 때 살던 규슈에서는 찌르레기를 '갸아갸아새'라고 불렀다. 고운 목소리는 아니지만 지금도 이 소리를 들으면 규슈에서 지낸 어린 시절이 머릿속에 떠오른다. 말하자면 찌르레기는 나에게 고향을 떠올리게 하는 새다. 대학을 졸업하고 이곳에 온 1955년 무렵에는 봄의 대지 어디를 가나 찌르레기로 뒤덮여 있었다.

4월 하순이 되면 봄갈이가 시작된다. 지금처럼 트랙터가 없던 시절이라 사람들은 말을 부려서 밭을 갈았다. 한 마리로 갈기도 하고 두 마리를 쓰기도 했다. 가래를 끄는 말 뒤를 농부가 따라가면, 그 뒤를 새 떼가 따른다. 대개 찌르레기 떼였다. 가끔 가래를 끌던 말이 농부 마음대로 가 주지 않아 움직이는 리듬이 깨진다. 그러면 뒤따르던 새들이 일제히 날아올랐다. 멀리서 보면 말 뒤에서 강충이들이 난무하는 것처럼 보였다. 떼 지어 나는 새들을 데리고 저녁 해를 받으며 앞을 걸어가는 말의 뒷모습은 봄갈이 철의 풍경을 대표했다. 그때는 흙 속에 벌레들이 얼마든지 있었기 때문에 새들은 소가 밭을 일군 뒤에 드러나는 지렁이들을 주워 먹었다.

떠날 날이 머지않은 외양간 앞의 찌르레기 가족.

그 뒤 10년도 채 안 되어 말이 트랙터로 바뀌었다. 1975년 초에는 이 고장의 밭갈이 말의 수는 한창때의 50분의 1 이하로 줄었다. 찌르레기의 수도 급격히 줄었다. 농약 때문이라고 사람들은 말하지만 밭에 퇴비가 들어가지 않은 것도 그 원인이었다. 농가에 가축이 없어지면서 퇴비를 만들 수 없게 된 탓이다. 그 뒤에도 찌르레기의 수는 점점 줄어들었다. 농가의 주택과 창고 건물들이 점점 좋아지면서 둥지를 틀 틈들이 없어진 것이다.

판자 대신 모르타르와 함석으로 둘러쳐진 창고는 그 주변에 생물들이 사는 것을 차갑게 거부했다. 나무줄기에 생기기 마련이던 크고 작은 구멍들도 모습을 감췄다. 큰 나무들은 재목으로 잘렸고 오래된 고목은 쓸모없는 나무로 취급되어 잘려 없어졌기 때문이다. 먹이가 줄어들고 보금자리를 잃은 생물들이 처하게 될 운명은 누구나 쉽게 상상할 수 있다. 그대로 됐을 뿐이다.

다행히 한때 급속히 그 수가 줄어든 찌르레기가 요즘 들어 조금씩 늘고 있는 것 같아 다행이다. 그 이유는 잘 모르겠지만 주어진 환경에 조금씩 적응해 가고 있기 때문이 아닐까. 7월도 얼마 남지 않았다. 털야광나무 숲에 모여 있던 찌르레기들이 무엇에 놀랐는지 일제히 날아오른다. 옛날의 강충이 떼 같지는 않지만 그래도 옛 풍경이 어슴푸레 머릿속에 떠오른다. 초원의 새들도 그 수가 반으로 줄어든 것 같다. 어떤 종류의 새는 아예 보기조차 힘들다. 새들의 이동이 시작된 것이다.

호수를 가로지른 다리 아래에 앉아 있는 여러 마리의 백할미새가 눈에 띈다. 다리 밑이 그들의 보금자리인 것이다. 그 수가 50마리쯤 되면 그들도 남쪽으로 이동할 것이다. 홋카이도의 대지는 이제부터 짧지만 여름다운 여름을 맞을 텐데 새들은 그 여름을 기다리지 않고 벌써 남하를 준비하고 있다. 대지는 그들에게 벌써 가을을 알리고 있는지도 모른다.

• • •

17년 만에 다시 시레토코의 루샤를 찾았다.

그 첫날, 자연은 세월에 따라 달라진다는 사실을 실감했다. 예전에 본 숲속 길은 2미터가 훨씬 넘는 왕호장근이 서로 엉켜 터널을 이루며 하늘을 가리고 있었다. 어두컴컴한 가운데 가끔 '털썩' 하는 소리에 소스라친 일이 있다. 길 위에 나 있는 발자국과 떨어져 있는 짐승들의 배설물로 이것저것 상상할 수밖에 없었다. 그래서 모래밭에 남아 있는 큰곰의 발자국을 보고 어마어마하게 큰 대형 곰일 거라는 생각에 상상되는 곰의 크기를 노트에 적어 둔 일이 있는데, 지금 그 수치를 보니 그때 얼마나 겁을 먹었는지 알 것 같다. 이제 와서 생각하면 부끄러워서 얼굴이 붉어진다.

그런데 지금 눈앞에 보이는 풍경은 그런 상상을 거부하고 있다. 길 양쪽에서 하늘을 가리고 있던 왕호장근 터널은 온데간데없다. 폰푸타강을 건너자 길은 오호츠크해를 향해 단숨에 내려간다. 왼쪽에 바다가 보이기 시작하면서 앞이 탁 트이고 마지막 커브를 돌아섰을 때 4킬로미터 정도 떨어진 곳에 움막이 보였다.

'이게 어떻게 된 거지?'

그때는 주위가 모두 왕호장근의 대군락지였고, 그 가운데로 나 있는 좁은 숲길이 왕호장근의 바다에 삼켜져 있지 않았던가. 그때

왕호장근의 어린잎을 좋아하는 홋카이도의 일본사슴.

의 숲길에서는 바다도 보이지 않고 파도 소리도 들리지 않았다. 옛 풍경의 주인공이던 왕호장근은 온데간데없다. 머위도 안 보인다. 봄이 되면 큰곰 똥 속의 주성분을 이루던 그 많던 식물이 깡그리 없어진 것이다.

"사슴이에요. 일본사슴의 짓이에요."

움막을 지키던 어부가 내뱉듯이 말한다. 일본사슴의 숫자가 엄청나게 늘어나고 있다는 이야기가 퍼진 지 오래다. 사슴들이 왕호장근과 머위 등의 대군락을 모두 먹어 치웠다는 것이다.

30년 전, 우리들은 한 장의 사진 앞에서 감탄과 칭찬을 연발한 적이 있다. 동물사진전에서 홋카이도대학의 아베 히사시 교수가 출품한 작품을 봤을 때였다. 그 사진에는 일본사슴 수놈의 당당한 모습이 찍혀 있었다. 사진의 예술성은 둘째 치고 사슴을 용케도 찍었다는 것에 모두 놀라워했다. 당시 일본사슴은 거의 볼 수 없는 동물이었다. 사슴을 피사체로 사진을 찍고 싶어도 사슴을 만나기 어려웠던 것이다. 카메라를 들고 아주 어렵게 사슴을 만난다 해도 한순간에 사라져 버리는 그런 동물이었다. 하물며 그것을 작품으로 완성시킬 수 있다고는 꿈에도 생각하지 못했다.

그런데 지금은 어디서나 사슴을 만날 수 있다. 오히려 너무 많아서 골칫거리다. 해마다 사슴들이 농업에 입히는 피해액이 10억 엔에 이른다는 보도가 나올 지경이다. 여기서 다시 한 번 생각해 보자. 약 백 년 전에 홋카이도에는 일본사슴이 우글우글거렸다. 지금과는 비교할 수 없을 만큼 많았다. 개척사 1869년 홋카이도와 사할린을 개척하기 위해 설립된 기관의 사업 보고에 의하면 1873년에 110,002마리, 1875년에 129,166마리 그리고 1877년에 60,938마리라는 숫자가 나와 있다. 서식하고 있는 사슴의 수가 아니라 그해에 잡은 사슴의 수다. 그리고 삿포로의 나에보라는 곳에서는 300~400마리의 사슴이 메밀밭을 싹쓸이했다는 기록도 있다.

관청에서 직영하는 사슴 고기 통조림 공장이 1876년에 생겼고, 한 통에 900그램들이 통조림을 그해에 13,400통, 1878년에는 21,268통을 생산했다. 그런데 1903년에는 큰 눈으로 인해 사슴 수가 급격히 줄어, 1905년에 383통, 1911년에 62통, 1919년에는 불과 16통을 만들 만큼의 사슴밖에 확보하지 못했다. 그래서 도청은 다음 해인 1920년에 사슴포획금지령을 내려 사슴을 보호하기 시작했다.

그런데 그처럼 우글거렸던 때로부터 불과 백 년 전인 1784년의 문서를 보면 그해에도 큰 눈이 내려 사슴 고기를 주식으로 삼던 아이누족 수백 명이 굶어죽었다는 보고가 있다. 백 년에 한 번, 아니면 백수십 년에 한 번씩 벌어지는 하늘의 변덕도 지구라는 하나의 큰 생명체의 입장에서는 그저 엉겁결에 뀐 방귀 같은 것이 아닐까. 그러니 지나치게 야단법석을 떨 일도 아닌 것 같다.

여기 시레토코에는 농업이라는 산업은 존재하지 않는다. 임업도 본래의 목적인 목재 생산을 위한 산업으로는 존재하지 않는다. 즉, 자연의 변화에 관여하기에는 인간의 힘이 너무나도 미미한 것이다. 나는 시레토코의 무섭게 변화한 자연을 앞에 두고 이것도 나쁘진 않다고 중얼거렸다. 백 년이 지나면 그때의 자연이 또 다른 자연을 우리에게 이야기해 주리라. 그날의 주인공은 누굴까? 그런 상상을 해 보는 것도 하나의 즐거움이다. 자연이 있는 그대로의 자연을 연출하는 곳으로서 시레토코 같은 땅이 지구상에 있는 것은 어찌 보면 흐뭇한 일이 아니겠는가. 자연의 변화를 이야기하기에 백 년이라는 단위는 너무 작고 너무 짧다.

나는 오호츠크해로 떨어지는 저녁 해를 무심히 바라보았다.

• • •

꽃의 계절이 끝나 간다. 6월 하순부터 시작된 꽃의 경연이 어느덧 막을 내리고 있는 것이다. 그런데 요즘 자연 그대로의 꽃밭을 '원생화원'이라 하며 관광지라고 찾아오는 외지인들의 수가 부쩍 늘고 있다.

혼슈에서 여기까지 찾아온 친구 하나가 그 관광지 한복판의 언덕에 서서 투덜거린다.

"왜 여기를 원생화원이라고 부르지? 꽃이 어디 있어!"

"때가 지난 거야. 꽃의 계절이 말이야"

내가 설명하자, 그는 신문에서 오려낸 사진을 꺼내 보이며 이런 풍경이 보고 싶어 왔다고 했다. 나도 사진 속 풍경이라면 한달음에 찾아왔을 것이다.

"이거 가짜 아냐?"

친구는 종잇조각을 흔들어 댄다.

"꽃의 수명은 짧아."

"그럼 언제 볼 수 있는데?"

실은 나도 모른다.

운 좋게 만난 원생화원의 멋진 풍경.

"역시 이 사진은 합성한 사진이군."

디지털 시대에서 그런 사진을 얼마든지 만들어 낼 수 있을 거라며 친구는 믿으려 하지 않았다.

"거짓말 아니야. 합성도 아니고…."

그러나 내 목소리는 이내 작아진다.

꽃의 계절이 짧다는 표현은 정확한 표현이 아니다. 꽃의 계절은 짧고 변덕스럽다고 하는 것이 맞으리라. 그러나 그런 설명을 되풀이해 봤자 먼 곳까지 큰맘 먹고 찾아와 허탕을 친 친구를 위로해 주지는 못한다. 40년 가까이 여기서 살고 있는 난들 꽃을 보러 매일 오지는 못한다. 많이 찾아오는 해에도 일주일에 한 번 정도다. 꽃은 찾아오는 사람을 위해 때맞춰 피지 않는다. 친구는 섭섭해하는 얼굴로 돌아갔다.

꽃의 짧은 생명을 기록해 두는 작업을 시작하면서 또 하나 깨달은 것이 있다. 꽃은 일제히 피지 않는다는 것이다.

'사람들이 그것을 바라고 있을 뿐, 꽃은 저마다 절묘한 테크닉으로 자기주장을 한다.'

사람들을 즐겁게 해 주기 위해서가 아니라 다른 꽃과 그리고 같은 꽃끼리의 관계에서도 꽃 피는 시기의 차이는 그 식물의 생존과 관련돼 있다. 얼핏 생각해도 이러한 예측은 어떤 대형 컴퓨터로도 하지 못할 것이다. 아마도 나는 언제 열릴지도 모르는 꽃의 경연을 운 좋게 만나기 위해서 해마다 초원을 찾고 있는 것인지도 모른다.

8월
녹색의 회랑 속에서
드라마는 펼쳐진다

  8월은 가을을 알리는 계절이다. 초원을 지나가는 바람에서 문득 가을이 느껴진다. 하늘에 떠 있는 구름도 가을의 기색을 보여 주고 있다. 텔레비전은 날마다 도심의 불볕더위를 보도하고 있지만 여기는 8월에 들어서면 가을을 느끼게 된다.

  풀숲에서 우는 여치들의 기세가 한풀 꺾이고, 가장 늦게 떠나는 철새인 갈색제비들은 보금자리를 떠나며 뭔가 서두르는 기색을 보인다. 우는토끼는 백산차의 잎을 모아 나르기 시작하고, 큰곰의 똥 속에는 딱딱한 눈잣나무 씨의 껍질이 섞인다. 고추좀잠자리가 낮게 나는 모습도 심심찮게 보이며, 높은 하늘에는 비로 쓸어내린 것 같은 털구름이 창공을 가로지른다. 자연이 연출하는 이 모든 풍경은 언제나 우리의 마음에 가을을 느끼게 한다.

  곱사송어가 제철을 만났다. 올해는 짝수 해니까 강을 거슬러 올라오는 시기의 절정은 8월이다. 홀수 해일 때는 9월이 된다. 이곳 홋카이도 동부 지방에서 송어라고 하면 곱사송어를 가리킨다. 그렇지만 홋카이도 어디에서나 잡히는 것은 아니다. 태평양이나 홋카이도 서쪽에는 적고, 오호츠크해 쪽과 네무로 해협 쪽의 하천에서 주로 잡힌다. 비록 잡히는 지역은 한정되어 있지만 그곳 하천인

힘찬 날갯짓으로 하늘을 가로지르는 좀도요 떼.

이차니강과 이치얀나이강을 거슬러 올라오는 송어의 숫자는 엄청나다. 예나 지금이나 8월이 되면 곱사송어가 강을 거슬러 올라오는 광경이 이 고장 사람들의 화젯거리가 된다.

아주 옛날 일이지만 열이 나고 호흡이 곤란한 환자 소를 앞에 두고 소의 주인과 수의사 사이에 다음과 같은 대화가 오갔다.
"어제는 저쪽 여울이 좋았는데, 그제는 다리 밑이 좋았어."
"아니, 나는 좀 더 위쪽이 좋았어."
앞뒤 사정을 모르는 사람에게는 마치 암호처럼 들리는 대화가 이어지는데 알고 보면 송어를 몰래 잡은 이야기다. 그 당시는 강물이 깨끗하다 못해 아름다웠다. 아무도 강에 쓰레기를 버리지 않았다. 하물며 강에 오줌을 누는 천벌 받을 짓은 엄두도 내지 못했다. 그 일대에 사는 사람들은 해마다 그맘때면 자연이 베풀어 주는 혜택을 그 강을 통해 받았기 때문이다.

10년 사이 오호츠크해로 흘러드는 강 하구 주변은 낚시꾼들로 붐비고 있다. 낚시를 하기 위해 함께 온 친구가 네무로 해협 쪽도 역시 마찬가지라고 한다. 그는 어디까지나 취미로 고기를 낚는다는 사람이다. 1월이면 호수는 꽁꽁 얼어붙고 영하 10도 이하의 날들이 계속되는데, 이럴 때면 빙판에 구멍을 내고 빙어를 낚아 올린다. 3월에는 빨간대구가 친구 손에 들려 우리 집까지 온다. 4월에는 한 자가 넘는 홍송어를 가져와 회 잔치를 벌이곤 한다. 5월에는 산천어로 바뀐다. 친구는 6, 7월이면 북쪽 하천에서 이토 일본 최대의 연어과 담수어를 노리고 있다며 1미터가 넘는 놈을 잡으면 꼭 가져온다고 약속했

강을 거슬러 올라가는 곱사송어 떼.

지만 아직도 그런 거물을 본 적은 없다. 친구 왈, 70센티미터 급은 가끔 잡지만, 작으니까 다시 놓아 준다나? 다시 말하면 '잡아서 놓아 준다'는 취미 낚시꾼으로서의 신조를 끝까지 지키겠다는 이야기다.

그리고 드디어 곱사송어의 계절인 8월이다. 그 친구와 나는 어느 날인가 수많은 곱사송어 속에 있었다. 기술이나 도구는 전혀 문제되지 않았다. 하구에 나간 지 1시간도 안 돼서 친구는 아홉 마리, 나는 두 마리를 잡았다. 내가 좋아서 어쩔 줄 몰라 하자 친구는 담담한 어조로 말을 이었다.

"이 정도는 매일이야. 집사람은 제발 부탁이니 잡은 고기를 가져오지 말고 주위 사람들에게 주고 오라는 거야. 만일 다 가져오려면 나보고 다 먹으라네."

그 친구의 말은 계속 되었다.

"그래서 다른 친구에게 고기를 주려고 하면 그쪽이 먼저 잘 됐다는 얼굴로 얼른 자기 망태기에서 내가 내미는 고기보다 훨씬 큰 것을 꺼내 내 망태기 속에 넣어 준다니까."

그는 8월도 보름이 지나면 연어 낚시 철에 접어든다고 알려 줬다. 송어든 연어든 부르는 이름이 다를 뿐 따지고 보면 같은 종류인데 송어에 물리지도 않았는지 연어도 꼭 잡아야 한단다. '송어는 송어, 연어는 어디까지나 연어'라고 선언하면서 말이다. 그는 정말 낚시를 취미로 하는 것인지 업으로 하는 것인지 아리송하다. 그는 돌아가며 "이보게, 10월엔 꽁치나 잡으러 가세!" 하며 손을 흔들었다.

· · ·

홋카이도에 사는 아이들의 여름 방학은 북쪽의 여름처럼 짧다. 짧은 만큼 아이들은 분주하다. 방학이 되자마자 학교나 마을의 행사가 이어진다. 캠프, 가족 등산, 과학관과 수족관 견학 등등. 게다가 8월 중순은 대명절인 오본 8월 15일을 중심으로 4일간 조상을 모시는 명절도 있어 도회지 사람들이 고향으로 돌아오고 이래저래 분주한 한때를 맞는다.

어쨌든 방학을 맞이한 아이들은 방학 숙제 때문에도 바쁘다. 내가 사는 마을은 인구가 6천 명이 채 안 된다. 그리고 농부들은 3천만 평이나 되는 광활한 농지에 흩어져 살고 있어서 시가지도 평상시에는 쓸쓸하기 마련이다. 그러나 이맘때가 되면 거리는 가로등을 따라 모여드는 곤충들과 아이들로 제법 생기를 되찾는다. 물론 어른들도 모인다. 2층 작업실에서 내려다보면 모여든 사람은 죄다 어른 아이 할 것 없이 저마다 곤충망을 들고 있다. 아이들이 부모와 함께 여름 방학 과제의 하나인 곤충 채집을 하기 위해서다.

요즘은 아이들이 어떤 곤충을 잡을지 궁금해서 어두워진 뒤 밖에 나가 보았다. 가로등 밑은 그야말로 곤충의 보고로, 길을 덮고 있는 크고 작은 곤충들로 발을 옮기기 어려울 정도였다. 가로등 위쪽을 쳐다보았다. 가로등을 둘러싸고 날고 있는 수많은 곤충과 함께 몇 마리의 박쥐도 보였다. 그중에서도 아이들의 관심은 단연 사슴벌레에 쏠려 있었다. 톱사슴벌레와 홍다리사슴벌레가 채집통 속에서 '푸덕 푸덕' 소리를 내고 있었다. 하늘소를 잡은 아이도 있었지만, 거의 모든 아이들이 사슴벌레에 열을 올렸다. 여러 종류를 채

붉은여우 똥 속에서 보석처럼 빛나는 딱정벌레의 날개.

집하지 않고 사슴벌레만으로 채운 채집통을 들여다보면서 "와, 멋지다!"라는 탄성을 연발하고 있다.

'하긴, 나도 저 애들 나이 때는 그랬었지.'

우리 집 옆은 절이고 앞에는 신사가 있는데, 가로등은 사원 정문과 신사 입구 그리고 그 건너편에 있는 유치원 입구에 하나씩 서 있다. 그런데 이 일대는 모두 숲이 우거져 있어 가로등에 모여드는 곤충의 종류와 수가 엄청나다. 갑자기 유치원의 소나무 숲 쪽에서 "와아" 하는 함성과 함께 아이들이 달려가는 소리가 들렸다. 무슨 일인가 해서 나도 그 뒤를 따라갔다.

"장수풍뎅이다, 장수풍뎅이!"

누군가 크게 소리 지르자, 한 아이가 잡은 장수풍뎅이를 높이 쳐들었다.

"정말!"

"와, 멋지다!"

"나도 좀 보자!"

감탄의 소리가 꼬리를 물며 한동안 흥분이 이어졌다. 얼마 후 한두 명씩 그곳을 떠나 다시 흩어지기 시작한다. 그리고 자기도 그런 것을 잡을 수 있을 거라는 기대를 안고 처음 있었던 가로등 밑으로 돌아갔다. 저마다 자기 자리를 정해 놓고 곤충을 잡고 있는 모양이다.

장수풍뎅이는 원래 이 고장에 없던 곤충이다. 홋카이도에 없었다는 것을 오래 전부터 알고 있었는데 1936년, 지금으로부터 70년 전에 하코다테 주변에서 잡혔다는 기록은 남아 있다. 하지만 잡혔다는 기록만으로 원래 그곳에 살고 있었다는 것을 증명하지는 못한다. 아무튼 이 고장에 장수풍뎅이가 등장한 것은 장수풍뎅이 사육장이 만들어지고 그 곤충이 백화점 같은 곳에서 팔리기 시작한 것과 거의 때를 같이한다.

애벌레 1만 마리를 사다가 구시로에서 사육을 시작한 사람이 있었다고 한다. 그런 꿈같은 기업인이 나타난 것이 이상할 것은 없다. 그런 일이 벌어질만큼 홋카이도 어린이들에게 장수풍뎅이는 꿈속의 곤충이었으니까. 요즘 헤라클레스장수풍뎅이라는 곤충이 인기리에 수입되고 있는데, 30년 전에는 홋카이도에서 장수풍뎅이가 그런 위치에 있었던 것이다. 그 뒤 장수풍뎅이에 관한 화제는 주기적으로 들을 수 있었다. 그러나 홋카이도 이외의 지방에서처럼 벌채한 숲의 나무 그루터기 속이나 퇴비장 등에서 살고 있는 장수풍뎅이를 봤다는 이야기는 듣지를 못했다. 결국 홋카이도에서 볼 수 있는 장수풍뎅이는 외래 곤충일 뿐이다. 그것이 환경에 어떤 결과를 가져올지는 아무도 모른다. 아이들이 지르는 환성 뒤에 숨어 있는 나의 걱정이 그저 신경과민으로 끝났으면 좋겠다.

밤 10시가 지나서야 겨우 주위가 조용해졌다. 아이들도 어른들도 하나둘 집으로 돌아가고 거리는 다시 침묵에 잠겼다. 그러나 그때쯤 또 다른 생물이 나타났다. 소쩍새. 소쩍새 세 마리가 저마다 가로등을 하나씩 차지하고 날아드는 사슴벌레나 나방들을 '뻐끔뻐끔' 삼키고 있었다. 땅 위에 나타난 생물도 있었다. 어린 붉은여우다. 몸을 날려 이리저리 공중에 뛰어오르며 곤충을 잡아먹고 있다. 우리 집 문밖에서 발견된 여우 똥 속에서 딱딱한 딱정벌레의 날개

어린 여우가 춤 연습이라도 하나 했더니 날아다니는 풍뎅이를 잡아먹고 있었다.

를 본 기억이 났다. 가끔 고양이가 나타나서 여우와 서로 노려보기도 한다. 아마 가로등 밑의 드라마는 밤새도록 이어지는 것 같다.

• • •

오본이 가까워오면 밤이 추워진다. 이젠 꽤 오래된 일이지만 이곳에 온 지 얼마 안 되었을 때 누이가 유카타를 한 벌 보내왔다. 줄곧 규슈에서 살아온 누이로서는 계절 선물로 제일이라고 생각했을 것이다. 나도 규슈에서 태어나 자랐으니 오본 때 입을 옷으로 유카타 아닌 다른 옷을 생각해 본 적도 없다. 그렇지만 일이 바빠서 그 옷을 입고 한가롭게 본오도리오본 때 조상을 맞이하기 위해 모여서 춤을 추는 행사에 참가할 기회가 없다. 그러나 한밤중에 멀리서 본오도리의 북소리를 듣고 있으면 마음이 들떠 온다.

어느 날 저녁, 그날은 왕진을 와 달라는 전화가 한 통도 없었다. 그래서 본오도리 구경이라도 하기로 마음먹고는 누이가 선물한 옷을 입었다. 현관을 나서자, 싸늘한 공기에 금세 몸이 움츠러들었다. 그것만 입고는 안 될 것 같아서 잠시 망설였지만 그대로 발을 옮겼다. 그날 밤이 아니면 누이의 호의를 또 언제 느낄 수 있을까 싶기도 하고, 내 몸에 꼭 맞는 유카타를 한 번은 밖에서 입어 보고 싶어서였다.

본오도리가 벌어지는, 1킬로미터 정도 떨어진 초등학교 운동장까지는 몸이 상쾌했다. 걸어가는 동안 몸의 열기가 바깥 추위를 잊게 했던 것이다. 그러나 막상 도착하고 나니 너무 추웠다. 몸을 움츠리고 춤 구경을 하고 있는데 친구가 내 곁에 오더니 곧 아무 말 없이 자리를 떠났다. 그리고 다시 왔을 때 그의 양손에는 맥주캔이

들려 있었고, 그 하나를 내밀며 말한다.

"이게 필요할 거야."

정말 고마웠다. 우리는 풀밭 위에 나란히 앉아서 한동안 목을 축이며 느긋한 시간을 즐겼다. 그런데 기분은 좋았지만 몸은 덜덜 떨렸다. 바람도 좀 더 세진 것 같았다.

"선생님, 춤을 추면 몸이 따뜻해질 거예요."

내 유카타 차림을 본 한 농부가 권했지만, 나는 춤을 못 춘다. 이 고장 춤은 전혀 자신이 없다. 다시 어디론가 갔다 온 친구가 이번에는 술병을 들고 왔다. 이 고장의 탁주다. 하지만 알코올 기운만으로 그날 밤의 냉기를 이겨 내기는 어려웠다. 내가 먼저 가야겠다고 하자, "나는 춤을 출 테니까 이거나 입고 가"라며 친구는 자기가 입었던 웃옷을 건네준다. 그것을 입자마자 살 것 같았다. 늦가을에 입는 방한복이었다.

유카타 차림에 방한복이라니, 처음부터 어울릴 차림은 아니었으나 어쨌든 따뜻하다. 걷기 시작하니 그때까지 잠잠하던 알코올 기운이 올라 제법 기분이 좋아졌다. 가는 길에 만난 동네 주점의 아가씨가 "어머나 선생님, 그게 무슨 꼴이세요" 하고 나를 놀리는 게 아닌가.

집으로 걸음을 재촉하면서 누이에게 '올해도 유카타를 입고 밖에서 제대로 즐기지 못했다'는 문안 편지를 해야겠다고 생각했다. 길가 숲속에서 귀뚜라미의 합창 소리가 들려왔다. 밤에 이토록 많은 귀뚜라미가 우는지 몰랐다. 이것도 누이에게 보내는 편지에 쓸 걸 생각하니 마음이 더욱 즐거웠다.

그날 저녁, 온 천지가 가을을 숨 쉬고 있었다.

• • •

 하루는 친구의 친구 되는 사람이 찾아와서 한탄만 하고 돌아갔다. 그는 프로 사진작가임을 자칭했는데, 내가 보기에는 아마추어 수준을 벗어나지 못하는 것 같았다.
 그의 한탄이란 '홋카이도는 정말 넓은데 원시림이 없고, 그래서 원시림을 찍으려고 왔다가 헛걸음만 하게 됐다'는 푸념이었다. 처음에 그를 만났을 때 이 고장에는 원시림 사진작가로 이름난 미즈코시 다케시 씨가 있으니 그분에게 정보를 얻으면 어떻겠느냐고 귀띔해 줬지만, 동업자에게는 정보를 얻는 것이 달갑지 않았는지 찾아간 것 같지 않았다. 나는 그가 돌아간 후 그를 소개한 친구에게 전화를 걸었다.
 "홋카이도에는 어디나 원시림이 있고, 이것저것 힌트를 줬는데도 무슨 말인지 모르더라."
 전화 저편에서 껄껄거리는 그의 웃음소리를 들으니 흥분된 마음이 가라앉았다.
 내가 지금 살고 있는 이 고장에는 9,520헥타르의 경작지가 있으며, 그곳을 동서로 6줄, 남북으로 4줄로 이어진 거대한 방풍림이 종횡단하고 있다. '거대한'이라고 한 것은 방풍림의 폭이 넓은 것은 50미터 이상 되는 규모이기 때문이다. 총 연장 약 66킬로미터, 그 면적이 490헥타르나 된다. 경작지 면적의 약 4.5%나 되는데 그중 약 60% 정도가 천연림으로 대부분이 한 번도 도끼를 대지 않은 우거진 숲이다. 숲이란 산속에만 있는 것이 아니다.
 홋카이도는 개척사의 측면에서 보나, 기후와 풍토의 특수성으

대지를 종횡단하며 녹색의 회랑을 이루고 있는 방풍림.

로 보나 일본의 다른 지역과는 아주 다른 곳이다. 1896년 5월, 일본 정부는 홋카이도에 관한 '식민지제정 및 구획시설규정'이란 것을 만들어 방풍림, 풍치림, 수원함양림 등을 정해서 많은 숲을 보존했다. 그래서 원시림이 평야 지대에서 그 생명을 이어가게 된 것이다. 그 뒤 여러 번 규정이 바뀌기는 했으나 어쨌든 결과적으로는 놀랄 만큼 넓은 면적의 숲을 이루게 되었다. 또한 이렇게까지 숲이 잘 보존된 이유 가운데 하나가 풍토의 특수성, 즉 혹독한 추위라고 하니 영하의 기후 조건이 나쁜 것만은 아니다. 다른 지역보다 이르고 늦은 서리, 차가운 바다 안개 등에게 큰절이라도 하고 싶다.

방풍림은 몇 가지 역할을 한다. 먼저 홋카이도를 둘러싸고 있는 차가운 바다에서 흘러 들어오는 냉기로부터 농작물을 지켜 주는 바람막이의 기능을 한다. 사실 요즘 우리 마을에서는 방풍림의 감소로 수박이나 참외를 재배하지 못하고 있다. 다음은 바닷바람 속의 소금기를 잡아 여과시키는 기능을 하는데, 조사 결과에 따르면 숲의 폭이 넓으면 소금기의 90%가 제거된다고 한다. 그리고 이름 그대로 강풍을 막아 누그러뜨려 준다. 나무의 높이, 잎이 무성한 정도, 계절에 따라 다르지만 그 풍속을 절반 이하로 줄여 준다고 한다.

거기에다 일반 숲들이 가지고 있는 기능, 즉 생물들의 요람 구실까지 고려하면 이처럼 귀하고 고마운 숲을 아끼지 않을 수 없다. 이곳에 실제로 살고 있는 사람들은 크게 고마워하지 않더라도-흔한 것을 고맙게 느끼지 못하는 것이 인지상정이라고 해도-적어도 학자나 연구자 그리고 관청의 행정관이라는 사람들이 소홀히 하는 것은 천벌 받을 일이 아닐까. 한편 일부의 연구자나 학자들에게는 중요할지 모르지만, 살고 있는 주민들이 잘 알지도 못하는 대상을 보호하거나 기념물입네 하고 떠들어 대는 작태를 개탄하지 않을 수 없다.

 8월이 끝나는 날, 오호츠크해 연안에 사는 한 농부에게서 전화가 왔다.
 "선생님, 사슴들이 떠나기 시작했어요."
 일본사슴의 계절이동이 시작된 것이다. 여름 내내 푸른 풀을 배불리 먹은 사슴들은 바다를 찾아간다. 정확히 말하면 소금을 찾아가는 것이다. 사슴들은 6월부터 소금을 찾아 이동하기 시작하고 7월 하순쯤 바닷가에 도착해 거기서 한동안 생활한다. 대낮에는 방풍림 속에 있다가 밤이면 해안 언덕의 초원에 나가서 풀을 뜯는다. 그 풀들에는 소금기가 많다. 사슴들은 8월이 끝나 갈 무렵 겨울을 보낼 산악 지대로 돌아간다. 그들은 방풍림을 통로로 삼아 이동하는데, 널따란 농지를 종횡단하는 방풍림은 마침내 산악 지대의 숲과 만난다.
 기구 위에서 내려다본 방풍림은 대지를 가로지르는 녹색의 회랑이었다. 일본사슴만이 아니다. 청설모, 검은담비, 큰곰, 너구리, 족제비, 하늘다람쥐 그리고 작은 들쥐도 모두 이 회랑을 지나 산악 지대를 오간다. 사람과 짐승에게 이토록 많이 이용되며 도움을 주는 원시림을 홋카이도 사람들은 바로 곁에 두고 있는 것이다. 이렇게 고마울 수가 없다.

 ● ● ●

 초원에서 붉은여우의 비명이 울리던 날, 하늘 위에는 도요새 한

어린 여우의 독립을 위해 여우 가족은 생이별을 한다.

떼가 지나가고 있었다. 어미와 새끼가 작별하는 계절이다. 어린 여우들이 어미 여우와 떨어지는 시기이자, 부부 여우들이 한창 추운 2월부터 이어온 동거 생활을 마감하는 계절이다.

어느 날 새끼 여우는 갑자기 달라진 어미 여우의 태도에 어리둥절해한다. 어미 여우가 느닷없이 자기에게 달려들어 물고, 뜯고, 내동댕이치며 공격하는 것이다. 어미는 새끼가 아무리 비명을 질러도 못 들은 체하고, 결국 새끼 여우는 도망치듯 어미 곁을 떠난다. 떠날 수밖에 없다. 그러고 나면 이제까지 함께 살던 수컷과 암컷 여우도 부부 관계를 마감하고, 저마다 혼자 사는 세계로 돌아간다. 그 이유는 아무도 모른다.

나는 여우 가족의 생이별 장면을 해마다 지켜보면서, 슬프면서도 한편으로는 희망에 넘치는 이들의 갑작스런 이별을 언제부턴가 그저 '작업'이라고 부르고 있다. 새끼 여우의 미래를 위한다거나 개체의 유지를 위한다는 그런 의도가 전혀 없는 동물들의 행동 변화는, 본능이 지시하는 하나의 작업으로밖에 비치지 않기 때문이다. 해마다 반복되는 이 생이별은 인간이 지구상에 등장하기 훨씬 전, 아득한 옛날부터 되풀이되는 드라마이리라. 일주일 전부터 시작된 드라마는 며칠이면 막을 내릴 것이다. 그리고 이것이 끝나면 여름도 막을 내린다.

저녁에 바닷가에 나가 보았다. 오호츠크해는 잔잔한 파도에 흔들리고 있으며 그 리듬에 맞춰 작은 도요새 떼가 먹이를 찾고 있었다. 쌍안경을 꺼내 들여다보니 도요새 종류인 좀도요였다. 멀리 북쪽 툰드라에서 태어난 무게가 50그램도 안 되는 이 새가 남아시아, 오스트레일리아, 뉴질랜드까지 남하한다고 하니 좀체 믿어지지 않

보릿가을에 볼주머니를 부지런히 채우고 다니는 다람쥐.

는다. 백야에 가까운 툰드라에서 둥지에 턱을 괴고 바라보는 석양과 여행 도중에 들른 이곳에서 보는 석양 그리고 머나먼 월동지에서의 석양을 그들은 어떤 기분으로 바라볼지 정말 궁금하다. 해가 바뀌어 5월이 되면 이들은 다시 모래사장을 무대로 한 열흘간의 공연을 마치고 또 다시 북쪽 툰드라를 향해 먼 길에 오른다. 이 모든 것이 본능이라는 생명이 연출하는 일대 드라마가 아닐까. 그러고 보면 나는 철따라 끊임없이 이어지는 자연의 드라마를 즐기는 관객인 셈이다. 그래서 시간이 아무리 많아도 항상 바쁘다.

• • • •

홋카이도에는 장마가 없다고들 한다. 기상도를 보면 북쪽에는 차가운 오호츠크해 고기압이 있고, 남쪽에는 따뜻한 태평양 고기압이 있어 그 중간에 전선이 생겨나면서 비가 내리게 된다. 힘이 센 두 고기압은 서로 힘겨루기가 만만치 않고, 그래서 전선이 그 자리에 머물게 되어 그 주변에는 비가 계속 내리는 것이다. 이 전선을 '장마전선'이라고 부른다. 그러나 이곳은 홋카이도의 중앙을 횡단하는 산줄기의 영향으로 오호츠크해 고기압 세력 하에 있으면서도 태양을 볼 수 없고 기온이 낮은 흐린 날이 계속된다. 그러다가 8월, 이른바 보릿가을이 되면 웬일인지 장마 같은 날씨가 돼 버린다. 매일매일 마치 아프리카의 소우기小雨期처럼 30분 정도 비가 반짝 내린다. 이 지방의 강우량은 한 해에 750밀리미터인데 그중 90밀리미터가 8월에 내린다. 사할린에서 남하하는 '가을비 전선'이라는 정체전선차고 따뜻한 두 기단의 경계면이 오랫동안 한 곳에 머무는 전선이 그 변화의 주역이다.

그런데 이 시기는 농부들이 한창 바쁜 밀 수확기다. 30년 전, 이맘때면 농가는 거둬들인 밀을 볕에 말리기 위해서 뜰에 빈자리 없이 거적을 깔고 5센티미터 두께로 밀을 널었다. 그리고 펼쳐 놓은 밀을 지키는 사람이 꼭 있었다. 그것은 대개 나이 많은 농부였는데 그가 해야 할 것이 두 가지 있었다. 하나는 변덕스런 비에 밀이 젖지 않게 하는 일이고, 또 하나는 밀을 먹으러 찾아드는 다람쥐와 참새를 쫓는 일이다. 그는 빗방울이 떨어지기 시작하면 바로 말리던 밀 위에 다른 거적을 씌운다. 그리고 비가 걷히면 다시 거적을 벗긴다.

한편 다람쥐나 참새를 쫓기 위해서는 조릿대로 만든 긴 대나무 장대를 썼다. 참새나 다람쥐는 외양간이나 헛간 지붕 또는 가까운 숲속에서 널어 놓은 밀을 노리고 있다가 재빠르게 달려든다. 그러나 지키는 농부는 긴 장대를 천천히 좌우로 흔들어 댈 뿐, 소리도 크게 지르지 않아서 옆에서 보면 쫓는다기보다는 함께 놀고 있는 것 같은 느긋한 분위기였다. 농가의 뜰은 넓다. 저쪽에서 한 무리의 다람쥐들이 우르르 달려와 볼주머니에 밀을 채우고 있으면 농부는 달아나는 시간을 주려는 듯이 천천히 다가가서 장대를 흔든다. 그러면 또 다른 놈이 저쪽에 와서 붙는다. 참새들은 흔들거리는 장대가 아예 보이지 않는 듯 먹기에 바쁘다.

아무튼 적은 많고 끈질기다. 한 농가 주인은 나에게 이런 말을 했었다. 하루에 한 가마니는 각오하고 있다고. 그러면서 "그들도 겨울 준비를 해야 하니까요" 하고 덧붙였다. 그 당시 거둬들인 팥을 다람쥐에게 몽땅 빼앗기고 이농할 지경에 이른 농부 이야기도 들은 적 있다. 작은 짐승이지만 개체 수가 엄청나다 보니 그런 일도 벌어졌던 것이다.

언젠가 말의 꼬리털을 몇 개 뽑아서 농가의 한 꼬맹이와 다람쥐 낚시(?)를 하러 간 적이 있다. 말의 꼬리털 끝을 둥글게 매듭지어 올가미를 만들고 반대쪽 끝을 막대기에 묶으면 다람쥐 낚싯대가 완성된다. 숲에 가서 동면을 위해 먹이 수집에 정신이 없는 다람쥐의 얼굴 앞에 그 올가미를 들이댄다. 그러면 어찌 된 영문인지 다람쥐는 양손으로 올가미를 잡아 자기 머리에 씌운다. 이때 막대기를 들어 올리면 올가미가 조여지니까 너무 쉽게 승부가 나 버린다. 불과 2시간 동안에 17마리나 잡았고, 같이 간 아이는 나보다 훨씬 많이 잡았다. 그런데 잡은 다람쥐들을 어떻게 했는지는 기억이 안 난다. 먹은 것 같지도 않고 애완동물로 판 기억도 없다. 그냥 잡는 데 만족하고 그대로 놓아 준 모양이다.

아직도 해마다 보릿가을이 찾아오면 말꼬리 올가미 생각이 떠오르곤 한다. 다람쥐의 수가 옛날처럼 많지는 않지만 다람쥐 낚시꾼으로서의 본능을 자제하지 않아도 될 만큼의 수는 아직 있는 것 같다.

9월
낙엽 밑에는 하늘의 별보다 많은 생물이 살고 있다

　북쪽 지방에 사는 사람들에게 9월은 바쁜 달이다. 추운 고장에서는 각종 절임, 과실주, 된장, 탁주 등을 저장고에 따로 보관한다. 대개 지난해에 만든 음식이지만 몇 해 묵힌 것도 있다. 추운 지방에는 집 어딘가에 이런 저장고가 있기 마련이다. 예를 들어 부엌 밑이나 차고, 아니면 집 밖에 아예 월동 전용 공간을 마련한다. 대개 반지하로 만들어 일정한 온도를 유지한다. 긴 겨울을 나기 위한 식료품 저장고인데, 겨울이 끝날 무렵에는 근처의 연못이나 앞뜰에 양동이를 놓아 얼린 얼음을 저장고에 들여놓아 여름에도 빙고로 쓴다.

　친구 M의 저장고에는 좋은 물품이 많아서 언제나 이맘때면 어떤 것이 공개될지 기대된다. 그런데 그의 아내 말로는 저장고를 관리하는 일이 여간 어려운 일이 아니라고 한다. 저장고가 넓어서 청소를 하는 데만 하루 종일 걸리는 것은 둘째 치고, 그 안의 물건들을 겨울과 여름에 쓸 것을 구분해서 그때그때 옮겨야 한단다. 특히 농작물의 수확기에는 제대로 간수하기가 보통 일이 아니라는 것이다. 홋카이도에서는 일모작만 가능해서 모든 농작물의 수확이 가을에 집중되기 때문이다. 나는 "휴" 하는 한숨으로 그녀의 노고에 조금이나마 동정을 표했다.

계절의 변화는 홋카이도에 사는 야생동물 모두에게 같은 시련을 강요한다. 어느 날 아내가 나에게 말했다.

"점점 모이기 시작해요."

"그러게…."

나는 건성으로 대꾸하고는 카메라를 창가에 설치했다. 창 바로 앞에 주목 열매가 빨갛게 익고 있었다. 홋카이도의 신사에는 이 나무가 참 많다. 농가의 뜰에도 많이 심는데, 주목으로 신관이 예식을 행할 때 오른손에 드는 가늘고 긴 널빤지인 홀을 만든다. 딱히 주목이 성스러운 나무라기보다는 겨울철에 푸른 나무가 귀한 고장이다 보니 주목의 푸른 잎이 사람들의 마음에 안정을 주기 때문이리라.

내가 여기에 이사 왔을 때 부탁하지도 않았는데 마을의 농부 몇이 주목을 두 그루나 실어다 뜰에 심어 주었다. 그 나무가 지금 30년을 자라서 올해도 빨간 열매를 맺고 있는 것이다. 아무튼 아내가 '점점 모인다'고 한 것은 곰쥐가 모여들기 시작했다는 뜻이지만, 내가 "그러게"라고 대꾸한 것은 곰쥐가 아니라 주목에 찾아드는 들새들의 수가 불어나고 있다는 얘기였다.

9월에 들어서자 곤줄박이 한 마리가 찾아왔다. 빨간 열매를 물고 어딘가로 나르고 있다. 곧 이어서 박새 두 마리와 동고비도 열매를 찾아 날아들었다. 청설모와 다람쥐도 찾아왔다. 직박구리 세 마리가 가세하자 나뭇가지에 달린 빨간 열매의 수가 부쩍 줄어들었다. 모두들 당장 먹기보다는 저장하고 있는 것이다. 나는 그게 들새들 때문이라고 생각하고 있었는데, 아내는 썰렁해진 주목 가지를 보며 곰쥐의 짓이라고 한다. 그러고 보니 범인은 들새들보다 쥐일 것도 같았다. "많을 때는 밤중에 다섯 마리나 몰려온 것을 봤어요"라며 아내는 틀림이 없단다.

이 문제에 대해서 내가 최종 판단을 유보하고 있는 가장 큰 이유는 아내가 목격했다는 곰쥐를 한 번도 내 눈으로 보지 못해서다. 다시 말하면 곰쥐들은 자기들에게 먹이를 꼬박꼬박 가져다주는 아내와 낯선 나를 가려가며 행동하고 있는 것이다. 주목 바로 옆에는 퇴원한 동물을 위해 먹이대를 설치했는데, 이곳에 아내가 매일 먹이를 놓는다는 것을 곰쥐들은 아는 모양이다. 자기 딴에는 아내를 가족으로, 나를 남으로 여기는 걸까?

"있어요, 있어!"

아내의 말이 떨어지자마자 카메라를 들고 현관을 나서면 발소리에 모두 어디론가 달아나고 없는 식이다. 그래서 나는 곰쥐와는 아직도 안면이 없다.

어쨌든 집 뜰의 주목 열매가 급격히 줄어들고 있었다. 어느 날 그 앞을 지나던 친구 M이 그 꼴을 보다 못해 현관문을 '쾅 쾅' 두드리며 "다 따먹기 전에 미리 따 놓으라고 했잖아!"라며 핀잔을 주고 지나갔다. 그래서 나도 야생동물이 되기로 마음먹고는 나무에 사다리를 세웠다. 동물들이 다 따가기 전에 나도 좀 챙겨야 할 것 같아서다. 나는 그 주목 열매로 과실주를 만들자고 M하고 약속했던 것이다.

아이누족은 이 과실주를 '아엣포'라고 하는데, 건강을 위해 마시

빨갛게 익은 주목 열매. 들새들의 먹이 창고가 되었다.

거나 이뇨제나 각기병 치료제로 쓰는 지방도 있다. 그런데 주목의 씨에는 독이 들어 있어 미국에서는 식물 중독 사고의 베스트 3위에 속해 있다고 한다. 서너 알만 먹어도 치명적이라는 설명을 읽고 M과 나는 놀란 눈으로 서로를 쳐다봤었다. 알코올 도수 35도의 소주 속에서 우러난 주목 씨의 독이 어느 정도인지는 알 수 없으나 M도 나도 약간 취기가 돌 정도로 마셨으니 지금 천국에 가지 않은 것을 다행으로 여기고 있다.

그건 그렇고, 지구 위의 어떤 종에게는 독이 되는 것이 많은 야생동물에게는 그다지 해가 되지 않는 자연의 조화에 새삼 놀랄 뿐이다. 여담이지만 우리가 담은 주목 열매 과실주는 별로 맛이 없었다.

• • •

"선생님, 올해에도 모여들기 시작했어요."

사키무이에 살고 있는 구보 씨로부터 전화가 걸려 왔다. 연어가 하구에 모여들고 있다는 보고다.

벌써 십수 년 전의 이야기인데, 연어와 송어 철에 강가에 사는 붉은여우의 귀중한 식량이 되는 연어의 생태에 관심을 기울이던 때였다. 하구로 몰려들어 거슬러 올라가는 연어 떼를 볼 수 있는 군베쓰강은 시레토코반도의 네무로 해협 쪽에 있다. 이 강은 우나베쓰산을 사이에 두고 건너편 오호츠크해 쪽의 미네하마와 마주 보는 곳이다. 연어들의 대규모 부화장이 있는 전형적인 '어머니 강'이다.

그러나 하구의 폭이 매우 좁아서 가장 좁은 곳은 2미터도 채 되지 않았다. 게다가 강물의 깊이가 얕아 큰 물고기인 연어들이 지나갈 수 있는 물줄기의 폭은 그 반도 안 됐다. 그런 좁은 곳을 하루에 5천 마리도 넘는 고기 떼가 알을 낳기 위해 모여드니 그 혼잡은 이루 말할 수가 없을 정도였다. 그날도 가 보니 하구를 중심으로 좌우 50미터 그리고 바다 앞으로 50미터까지는 바닷물의 빛깔이 달라져 있었다. 온통 시꺼멓다. 그리고 하구에서 20미터 안쪽에서는 연어들이 이중 삼중으로 뒤엉켜 요동치고 있고, 그중에는 숨쉬기가 어려운지 수면에 머리를 내밀고 뻐끔거리는 놈도 있었다. 고기 떼의 가장 바깥쪽, 그러니까 바다 쪽으로 50미터 이상 떨어진 곳에서는 수많은 연어들이 수면 위로 튀어 오르고 있었다. 분명 강 하구에서 꾸물대는 앞서 간 연어들을 재촉하는 표시일 것이다. 연어들로서는 4년만의 귀성이며 처음이자 마지막 길이기도 하다.

서로 떠밀리며 강 하구를 통과한 고기 떼가 계속 강을 거슬러 오른다. 그 긴 행렬을 보고 있으면 옛날부터 이어져 오는 대자연의 드라마를 눈앞에서 보고 있다는 감동에 휩싸인다. 홋카이도의 바다는 변함없이 풍요롭기만 하다. 군베쓰강의 남쪽에 있는 고타누카강은 주변의 완만하고 평탄한 고지대를 깎아 내려 강물을 바다로 흘려보내고 있다. 강을 끼고 해협 쪽으로 밀려나온 대지는 50미터가 넘는 낭떠러지 형태로 해변에 우뚝 서 있는데, 대지의 가장자리에 서면 발밑으로 바다가 한눈에 내려다보인다. 하구에서 연어들의 어지러운 광경을 촬영하다가 지친 나는, 대지 가장자리의 낭떠러지를 따라 남쪽으로 걸었다.

하구에서 500미터쯤 떨어진 곳에는 낚시꾼들로 가득했다. 얼핏 봐도 100명은 돼 보였다. 하구로부터 500미터 안에서는 고기

'잡히나요?' 훗카이도의 자연의 풍요로움을 알려 주는 연어 낚시.

를 잡지 못하기 때문에 경계선을 지난 지점에 낚시꾼들이 몰려 있는 것이다. 강가에 있는 낚시꾼들은 잘 모를 테지만, 50미터 높이의 낭떠러지 위에서 밑을 내려다보니 해안을 따라 줄지어 올라가는 연어 떼의 모습이 마치 어릴 적 고향의 강에서 본 송사리 떼 같았다. 연어 떼는 낚시꾼들 옆을 유유히 헤엄쳐 바다 쪽으로 사라지고 있었다. 낚시꾼들이 드리운 낚싯줄은 줄지어 가는 연어 떼보다 훨씬 바깥쪽으로 늘여져 있다.

'저래 가지고 낚이겠어?'

나는 웃음이 절로 나왔다. 굳이 연어가 없는 곳을 향해 일부러 낚싯대를 드리운 것처럼 보였다. 이렇게 고기잡이에 열심인 사람들을 앞에 두고 웃을 수 있는 것도 자연이 주는 선물일 것이다. 이맘때면 이런 풍경이 이곳 사람들에게 자연의 풍요로움을 실감케 한다.

예전에는 군베쓰강 하구에서 200미터쯤 올라간 곳에 대형 어량(물길을 막아 물고기를 잡는 장치)이 있었는데, 여기서 강을 거슬러 올라온 연어를 한꺼번에 포획했다. 암컷은 근처의 축양장에서 알이 성숙할 때까지 길러진 뒤에 채란과 수정을 거쳐 일생을 마치고, 수컷은 정자를 제공하고 일생을 마감한다. 홋카이도의 여러 강을 거슬러 올라가는 연어와 송어들은 대부분 같은 운명의 드라마를 맞았다.

그런데 언제부터인가 하천 오염이 사람들 입에 오르내리기 시작했다. 사실, 오랫동안 이 지방 하천의 수질 검사를 해 온 어업협회의 청년부는 오염 정도에 대해 경고했었다. 그렇게 수질이 악화된 시기가 바로 1년에 한 번 바다에서 강으로 거슬러 올라오는 연어와 송어를 전면적으로 막은 시기와 겹친다고 지적하는 사람도 있었다. 그러고 보니 연어와 송어라는 자연의 선물이 사라진 강은 한낱 쓰레기장에 불과했다. 옛날에는 강에 오줌 누는 놈은 물건이 '퉁퉁' 붓는다고 겁을 줬는데, 지금은 강에 빈 농약병이 '둥둥' 떠다닌다. 어민이라 해도 자연의 혜택을 독차지하려다가는 풍요로운 자연을 보존하기 어려운 그런 시대가 되었다.

그로부터 십수 년이라는 짧지 않은 세월이 흘렀다. 군베쓰강을 비롯한 시베쓰 해역의 풍요함은 지금도 변함이 없다. 연어와 송어의 어획량은 여전히 일본에서 가장 많다. 하지만 예전의 놀랄 만큼 많던 고기 떼는 이제 볼 수가 없다. 고기 떼를 위해 하구의 폭을 배로 넓혔다. 덕분에 알을 낳기 위한 귀성 러시는 변함없으나 예전과 같은 혼잡은 없어졌다. 고기들은 좋을지 모르지만 나는 약간 섭섭하다. 연어들의 활기찬 풍경이 가끔 그립기 때문이다. 한편 잘된 일도 없지 않다. 어민들이 한 사람 두 사람 반성하기 시작하면서 낚시꾼을 위해 하천의 일부를 개방하거나, 수질 보전을 위해 자금을 모아 농민들과 손을 잡기 시작했다. 새로운 자연보호의 방식이 생겨나고 있는 것이다. 적어도 이 고장에서는 그런 노력을 하고 있다는 사실을 밝혀 두고 싶다.

• • •

우리 고장의 대지는 동서남북으로 바둑판의 눈처럼 깔끔하게 구획되어 있어서 미국인이 보기에는 '질서정연한', 일본인이 보기에는 '멋없는' 풍경을 이루고 있다. 시가지의 한가운데를 지나는 도로는 폭이 정말 넓다. 그래서 40년 전에 처음 이곳에 왔을 때는 마치 미국의 어느 지방에 와 있는 것 같은 착각이 들 정도였다. 큰 거리는 비행장의 활주로 같아 보였고, 길가에 늘어선 가게들은 서부 영화의 판잣집을 연상시켰다. 가게 앞에 썰매를 매단 말이 가로수 기둥에 묶인 것까지 꼭 개척시대의 미국 서부 같았다. 특히 이른 봄, 말똥바람이라고 부르는 맹렬한 남풍에 온 천지가 누렇고 뿌연 흙먼지로 가려지는 광경은 영화 〈황야의 결투〉 속의 서부극의 무대, 바로 그것이었다.

지금까지 우리 마을은 해를 거듭해 발전했다. 인구는 좀 줄었지만 농가당 농경지의 평균 면적은 22헥타르가 넘고, 낙농가는 한 호당 100마리가 넘는 젖소를 기르고 있다. 농업 생산액도 연간 140억 엔을 웃돈다. 가끔 찾아오는 친구가 "일본 같지 않은 곳이군" 하고 이곳에 대한 인상을 말하면 "일본말이 통하는 미국의 서부 마을이지!" 하고 자랑한다. 네모반듯하게 구획된 공간에 종횡으로 뻗은 길들 중에는 이웃 마을의 산기슭까지 40킬로미터를 직선으로 달리는 것도 있다. 일본의 여느 곳에서 이런 풍경을 본 적이 없는 내국인 관광객들은 이렇게 시원하게 뚫린 길을 너무 좋아한다. 가끔 이 넓고 곧게 뻗은 길을 달리다가 그만 저절로 간덩이가 부어 속도를 위반하는 차가 생기기는 하지만 말이다.

이처럼 인기를 끄는 길이 있는가 하면 사람들에게 잊혀져 가는 길도 있다. 어느 해 가을에 그런 길 근처에 있는 오두막을 찾아갔을 때였다. 우리 집에 환자로 있다가 퇴원한 동물을 위해 만든 자그마한 시설이었다. 마침 그날은 추분 날 저녁이었다. 차도 거의 다니지 않아서 무성하게 자란 풀이 길을 가릴 정도였다. 나는 오두막으로 이어지는 그 길로 차를 몰았다. 길은 방풍림을 뚫듯이 나 있

석양을 배경으로 오솔길 무대에 등장한 일본사슴.

었는데, 양쪽 방풍림에서 나뭇가지들이 자라 머리 위에 터널을 만들고 있었다.

그런데 갑자기 터널의 한가운데로 태양이 떨어졌다. 그것은 마치 타오르는 커다란 불덩어리 같았다. 나는 "으악!" 하고 소리 지르며 브레이크를 밟았다. 그리고 5분쯤 추분의 석양에 넋을 잃었다. 동서로 뻗은 길에는 1년에 두 번, 길 바로 위로 해가 뜨고 진다는 지극히 상식적인 현상을 그때 비로소 실감할 수 있었다. 구획이 정확하기 때문에 태양이 춘분과 추분에 길 위로 나타날 수 있었던 것이다.

나는 그날의 감격을 잊을 수 없어 해마다 추분이 되면 카메라를 들고 그 자리를 찾아가 삼각대를 세웠다. 그리고 4년 동안 추분을 전후한 며칠 동안 아무도 다니지 않는 길의 석양을 찍으러 그곳을 찾았다. 그러나 그곳에 아무도 다니지 않으리라는 생각은 나의 계산착오이자 상상력의 빈곤이었다. 삼각대를 세우고 카메라를 들여다보는 내 곁에는 언제나 몇몇이 있었다. 다람쥐, 들쥐 그리고 하늘다람쥐…. 그 길은 많은 동물의 통로이자 드라마의 무대였던 것이다. 자연이란 무대는 관객만 나타나면 언제든지 내보낼 배우와 시나리오를 갖추고 있었다. 길을 주제로 한 4년 동안의 촬영 결과는 10년 후 《해 저무는 길》이라는 책으로 출간되었다.

• • •

어느 해인가 시레토코에 자주 갔었다. 그리고 갈 때마다 쌍안경으로 눈에 띄는 풍경을 구경하는 한가한 시간을 보냈다. 많은 사람이 시레토코가 달라졌다고 말한다. 나도 그렇게 생각한다. 생물상의 변화 때문에 환경이 달라지는 것은 어쩔 수 없는 일이다. 어차피 오는 세월이 다음 무대를 마련할 터이니 사람이 걱정해 봐야 아무 소용 없는 일이다. 그런데 이것만은 걱정해야 하지 않을까? 문명의 앙금 같은 것, 바로 쓰레기다.

쓰레기들이 시레토코반도 안에서 비교적 완만한 지형을 이루는 루샤강 주변에 널려 있다. 어망을 비롯한 각종 어구, 크고 작은 로프, 타이어, 석유통, 그 밖에 여느 쓰레기장에서 볼 수 있는 잡동사니들이다. 세탁기도 있고, 자전거도 있다. 이불 따위의 침구가 있는가 하면, 옷가지도 산더미처럼 쌓여 있다. 맥주 깡통에 주스병, 페트병도 빠지지 않는다. 이것들의 출신지가 어딘지 자세히 살펴봤다. 일본어는 물론 러시아어, 한국어, 영어 등 다양한 외국어로 포장된 쓰레기들이 넘쳐 난다. 말하자면 오호츠크해를 근거지로 삼는 다국적군의 쓰레기장인 것이다. 어떤 사람은 이 쓰레기가 1천 톤을 웃돌 거라고 추정하기도 했다.

어느 날 저녁, 아침부터 여섯 마리의 연어를 먹어 치운 큰곰 모자가 심심했던지 쓰레기 더미 속을 코로 헤치고 있었다. 로프를 물어 당기고 타이어를 뒤집으며 이것저것 마구 들쑤셔 놓았다. 그러면서 큰곰 모자는 쓰레기 더미 속에서 뭔가를 찾는 것 같았다. 그들이 바라는 먹이는 없을 텐데 하며 가까이 가 봤더니 작고 가느다란 식물을 찾고 있었다. 쌍안경으로 자세히 보니 기름당귀였다. 이 미나리과 식물의 줄기와 잎을 큰곰이 골라 먹고 있었던 것이다. 그런데 이 고장에서는 보기 드문 기름당귀를 굳이 쓰레기 더미에서 찾아 먹는 걸 보면 연어만으로는 부족한 어떤 영양분이 있는가 보다.

언젠가 쌍안경 렌즈 저쪽에서 형제처럼 보이는 새끼 곰 두 마리

형제 곰이 강가에서 쓰레기를 휘휘 돌리고 있다.

가 쓰레기를 가지고 놀고 있었다. 플라스틱으로 만든 부표를 한 마리가 앞발로 집어 휙 던지면 다른 한 마리가 그것을 쫓아갔다. 또 물 위에 뜬 부표를 한 마리가 앞발로 탁 치면 다른 한 마리가 따라가기도 했다. 그러다가 부표가 싫증났던지 물속에서 두 번째 장난감으로 깃발을 찾아냈다. 네모난 청색 천이 달린 로프의 한끝을 물고 좌우로 흔들어 댄다. 물방울이 사방으로 튀고 천이 어미 곰의 얼굴을 때렸다. 어미 곰이 그것을 빼앗아 물속으로 내동댕이치자 형제 곰은 재빠르게 뛰어들어 로프를 물고 다시 이리저리 흔들어 댄다. 그때마다 '부붕 부붕', '붕 붕 붕' 하고 바람의 세기에 따라 여러 가지 소리가 났다. 그저 곰 세 마리의 우스운 장난이었지만 왠지 서글픈 마음이 들었다. 곰들의 행동이 마치 사람이라는 동물의 한 종이 끊임없이 자연을 더럽히며 만들어 낸 문명에 항의하는 것처럼 보였기 때문이다.

・・・

녹차를 담았던 페트병을 입에 물고 걸어가는 어린 큰곰 한 마리를 만났다. 쌍안경으로 페트병에 붙은 라벨의 글자를 읽을 수 있었다. 때마침 들고 있던 카메라의 렌즈 화각 안에 곰이 들어왔기 때문에 서너 번 셔터를 눌렀다. 현상한 슬라이드 필름을 보니 라벨이 정말 선명하게 찍혀 있었다. 그 필름을 옆에서 보고 있던 친구가 말했다.

"정말 좋은 상업광고 사진을 찍었는데!"

친구는 그걸 그 녹차 만드는 회사에 보내면 대가로 필름 값이라도 나올 거라며 나를 부추겼다. 과연 그럴 듯했다. 문득 책상 위에

빈 페트병을 물고 있는 새끼 큰곰.

산더미처럼 쌓여 있는 수많은 필름이 뇌리를 스쳤다. 그런데 그 꿈 같은 얘기는 바로 그날로 깨지고 말았다. 친구가 전화로 다음과 같은 사실을 알려 줬기 때문이다.

"집에 가서 곰곰이 생각해 보니 요즘 같은 디지털 시대에 컴퓨터로 그런 사진쯤이야 얼마든지 조작할 수 있다는 것을 깜박했어. 그런 사진쯤은 광고 회사라면 식은 죽 먹기로 만들 거야."

나의 꿈은 깨져 버렸고 동시에 쓰레기가 된 페트병을 입에 물고 소비문명을 비판하던 새끼 큰곰의 증언도 없던 일이 되고 말았다. 사진이 진실을 이야기하지 못하게 되면서 사진 저널리즘은 죽어가고 있는 것이다. 그와 동시에 결국 야생동물들은 자신이 처한 세계를 이야기할 인간과의 소통 수단 하나를 잃어 버리고 말았다.

• • •

9월의 밤하늘은 별이 아름답게 보인다. 그런데 우리 집에 모이는 사람들 중에는 아마 그런 걸 논할 만한 로맨티스트는 없는 것 같다. 밤하늘을 쳐다보며 10분 이상 화제를 이어갈 만한 사람이 단 한 사람도 없으니 말이다. 우주에 대해 이야기해 봤자 〈아폴로 13〉이라는 영화를 화제 삼아 밤 한때를 소비하는 정도가 고작이다. 그러면서도 사람들은 우주의 저 끝을 꿈꾸기 좋아한다. 영화만으로는 만족할 수가 없었던지 제2차 세계대전 이후에는 저마다 경쟁적으로 우주선을 쏘아 올렸고 마침내 달 표면에 발자국까지 남겼다. 우리는 그 장면을 텔레비전으로 보고 환성을 지르며 감동했었다. 그날 아나운서는 흥분했던지 "이것이 과학의 성과입니다" 하고 부르짖었다.

그런데 몇십 년이 지난 지금, 우리들은 그때의 '과학의 성과'가 무엇이었든 아무래도 상관없다는 식이다. 내 느낌을 있는 대로 말하자면 달 표면은 상상하던 대로요, 그 이상도 그 이하도 아니었다. 그 정도를 과학의 성과라고 한다면 과학이란 돈만 잡아먹으며 성과의 납득을 강요하는 폭군처럼 보인다. 그런 면에서 본다면 군사 기술이야말로 눈부신 발전과 성과를 이룩했다고 떠들어야 할 것이다.

이런 식으로 생각하다 보니 아름다운 가을 밤하늘에 대한 화제를 잃어 가는지도 모른다. 그렇다면 이런 것은 어떨까. 나는 문득 '달 탐험'이 아닌 '땅속 탐험'을 아이들과 함께 해 보고 싶다는 생각이 떠올랐다. 사실 우리는 지구에서 38만 킬로미터 떨어진 달 표면에 대한 지식보다 자신의 발밑 10센티미터 속에서 벌어지는 일을 거의 모르고 있지 않은가.

어느 가을날 나를 찾아온 어린이 여섯 명에게 물었다.
"우리 발밑에는 어떤 생물들이 있을까요?"
"지렁이요!"
한 아이가 크게 대답했다. 나머지 아이들은 서로 얼굴만 쳐다보고 말이 없다.
"쥐가 있을지도 몰라."
한 여자아이가 자기 말에 겁이 났던지 발밑을 살폈다. 그리고 나서 우리들은 자랑스러운 원시림인 방풍림으로 향했다. 준비물은 큼지막한 흰색 법랑냄비, 꽃삽, 핀셋, 확대경, 컵, 깔때기, 계량기 그리고 필기도구 등이다.

낙엽 밑에는 하늘의 별보다 많은 생물이 살고 있다.

먼저 대표로 6학년 F군에게 자기가 좋아하는 곳에 가서 두 다리를 벌리고 서게 했다. 그리고 나머지 아이들 중 둘에게는 근처에서 나뭇가지를 가져다가 그것으로 F군의 양쪽 신발 가장자리를 따라 땅에 발 모양을 그리게 했다. 그 다음 모두 함께 조심조심 지면에 그려진 신발의 윤곽선 안쪽으로 떨어진 낙엽과 그 밑의 부식토를 꽃삽으로 퍼서 법랑냄비에 담게 했다. 10센티미터 깊이로 파낸 흙도 역시 냄비에 담았다. 이것으로 첫 작업은 끝이다.

  다음은 모두들 핀셋을 하나씩 들고 낙엽을 한 장 한 장 집어 들어 앞면과 뒷면을 살펴보고 아무것도 붙어 있지 않은 것을 확인한 뒤에 버리게 했다. 나뭇가지도 있고, 가지가 썩어 문드러진 흙 같은 조각도 보였다. 하나하나 골라서 밖에 버리고 나서 법랑냄비 안에 남은 것을 모두들 들여다보며 무엇이 있는지 살펴봤다. 꿈틀거리는 지렁이, 꼼지락거리는 쥐며느리, 톡톡 튀는 톡토기, 겨우 보이는 실지렁이, 노래기도 있었다. 거미를 발견하고 소리 지르는 아이도 있었다. 확대경을 들여다보던 여자아이가 얼굴을 찌푸리며 핀셋으로 진드기를 가리켰다.

  다시 다음 대표를 뽑았는데 이번에는 여자아이로 정했다. 손을 든 4학년 M양을 앞으로 나오게 하고 아까처럼 신발의 윤곽을 그렸다. 이번에는 법랑냄비 대신 비닐 주머니를 사용했다. 모두들 한 번 해 본 일이어서 어느 정도 자신이 생겼는지 작업을 척척 해 나갔다. 파낸 흙은 비닐 주머니 속에 넣고 나서 햇볕이 잘 드는 양지로 이동했다. 그 다음 깔때기를 받칠 컵을 준비하고 깔때기 밑에는 눈금의 크기가 1밀리미터인 금속 그물을 깔았다. 컵을 검은색 천으로 감고 비닐 주머니에서 가랑잎을 걷어 낸 흙을 깔때기에 붓고는 햇볕이 드는 자리에 그대로 두었다.

그동안 우리들은 법랑냄비의 바닥을 기어 다니는 벌레들의 수를 세기도 하고, 톡토기의 운동회와 쥐며느리의 단거리 경주를 구경했다. 30분 뒤, 우리는 컵을 쌌던 검은색 천을 벗겼다. 그리고 저마다 확대경을 손에 들고 그 안을 들여다보았다. 아이들은 일제히 "우와!" 하고 소리를 질렀다. 컵 바닥에는 깔때기에서 떨어진 흙이 2, 3센티미터 두께로 쌓여 있었는데 표면이 꿈틀거렸다. 자세히 보니 흙처럼 보였던 것은 흙이 아니라 거의 대부분이 진드기와 실지렁이였다. 그 수가 대략 200마리는 돼 보였다. 그 모두가 한 사람의 발밑의 낙엽과 땅속에 살고 있던 생물들이다. 아이들은 아무 생각 없이 다니던 땅 밑에 생물들의 대도시가 있다는 사실을 알게 되었다. 처음으로, 태어나서 처음으로 발밑에 그렇게나 많은 생물이 살고 있다는 것을 알고 모두 놀라워했다. 어쩌면 우리들은 위만 쳐다보고 걸어왔는지도 모른다. 한 보고서에 따르면 사람의 한쪽 발밑에서 꿈틀거리고 있는 생물상은 다음과 같다고 한다.

지네 1.8마리, 진드기 3,280마리, 톡토기 479마리, 완보동물 12마리, 짚신벌레 11마리, 선형동물 74,810마리, 노래기 0.5마리, 파리와 등에의 애벌레 103마리, 실지렁이 1,845마리

이는 도쿄의 메이지신궁 경내의 숲에서 조사한 기록이다. 우리들은 하늘 높은 곳에서 꿈을 찾는다. 꿈에 돈을 쓰는 것을 탓할 수야 없지만….

나도 모르게 탄식을 하며 9월의 밤하늘을 올려다보았다.

10월
선생님, 야생동물이 그렇게 좋아요?

10월부터 사냥 시즌이 시작된다. 날이 새자마자 기다렸다는 듯이 '탕탕' 튀는 듯한 총성이 호숫가 여기저기에서 울리다가 해 질 무렵에야 다시 조용해진다. 10월 1일, 수렵 금지가 해제되는 첫날의 풍경이다. 그러나 이런 풍경도 그날 뿐, 그 이후로는 총소리를 듣기 어렵다. 지난 10여 년간 반복되어 온 이 지방의 풍경이다. 해제일을 경계로 확 달라지던 호수와 늪의 풍경도 이제는 큰 변화가 없다.

10년 전에는 마을 주변의 다섯 개의 호수와 늪은 물오리와 큰기러기, 도요새 등의 물새 떼들이 노니는 평범한 가을 풍경을 보여주었다. 그러다가 수렵 금지가 해제되면 네 개의 호수와 늪에서는 단 한 마리의 새도 찾아보기 힘들고, 반대로 사냥 금지 구역인 도후쓰호는 온통 새들로 북적였다.

살기를 바라는 생물들에게 당연한 일이다. 하지만 예전에는 인간도 산다는 문제에서는 다른 생물과 마찬가지로 극성이었다. 밀렵에 그다지 죄책감을 느끼지 않았던 당시에는 사냥이 금지된 호수에서 무선으로 조종하는 작은 모형보트를 달리게 하고, 놀라 날

새들로 북적이는 사냥 금지 구역이 조용한 일몰을 맞고 있다.

아오르는 새를 호수의 경계선 바깥쪽에서 기다렸다가 총으로 쏘는 사람도 있었다. 그리고 모형보트를 조작하는 사람 뒤에는 자금을 대는 사람이 있어 잡은 새를 사 들이고 있다는 말까지 나돌았다. 그러나 "설마 그런 일이!" 하고 웃어넘기는 사람은 아무도 없었다.

수렵 면허를 가지고 있는 친척이나 친구가 있는 사람들은 모두 10월 1일을 기다렸고, 그날 저녁에는 물오리나 꿩고기를 맛볼 수 있겠다는 기대에 부풀었다. 그러니까 조류 보호론자를 자처하던 친구들도 어두컴컴한 분위기의 식탁 위에서 부글부글 끓는 냄비를 앞에 두고 침을 꿀꺽 삼켰던 것이다.

"맛있지, 맛있고말고!"

우리 세대 사람들은 모두 10월 1일에 즐기는 야생 고기의 맛을 알고 있다. 고기는 하나도 남김없이 먹었다. 뼈는 가루를 만들어 조미료로 썼고, 날개는 숯불구이가 아주 그만이었다. 기다란 목은 칼등으로 탕탕 때려 으깨서 고기경단을 만든 기억이 난다.

어느 해인가 사냥꾼을 자청하는 한 친구가 물오리 한 마리를 들고 왔는데, 날개만 부러졌을 뿐 다른 데는 멀쩡했다. 그래서 그것이 먹을 수 있는 오리냐 아니면 상처받은 환자 동물이냐는 것을 놓고 논쟁이 벌어졌다. 결국 환자 동물설을 주장한 아내와 딸들의 기세에 눌려 그날부터 그 오리는 우리 집 입원 환자가 되고 말았다. 결국 나는 오리 환자를 두 달 동안 돌보는 신세가 될 수밖에. 다음부터는 그 친구에게 "오늘밤 가니까 술 준비해 둬" 하는 전화가 오면 "살아 있는 오리를 들고 오는 건 아니겠지?" 하고 다짐을 해 둔다. 아득한 옛날이야기가 아니다. 겨우 30년 전, 우리들에게는 그런 10월의 첫날이 있었다.

10월도 반이 지난 어느 날 아침, 낙농인 F에게서 목장 주변에서 까마귀들이 시끄럽게 울고 있다는 전화가 걸려 왔다. 가 봤더니 넓은 목장의 산기슭 쪽에 까마귀가 30마리쯤 모여 있었다. 그저 시끄럽게 울고 있다기보다 뭔가 열심히 먹고 있는 것 같아서 카메라를 들고 다가갔다. 녀석들은 일본사슴의 사체를 먹고 있었다. 그 주변으로 여우와 너구리들의 발자국도 있는 걸 보니 며칠 전부터 여러 짐승들의 먹이가 되어 온 것 같았다. 내장은 거의 없어 배 속이 텅 비었는데, 무참한 광경이기도 했지만 보기에 따라서는 흔히 일어나는 푸짐한 향연의 뒷자리이기도 했다.

 한동안 무심히 보고 있다가 사슴의 반대편 머리를 보고 놀라서 숨을 죽였다. 뿔이 밑부분부터 톱으로 잘려 나가고 없지 않은가! 뿔 없는 머리에 박힌 이미 빛을 잃은 눈동자가 호소하듯 나를 보고 있었다. 가슴에 화가 치밀어 올랐다. 스포츠입네 하고 산에 들어가 '헌팅'이라는 그럴듯한 말로 포장한 채 총을 쏘아 댄다. 그리고 쓰러진 상대를 보고 "어, 그 뿔 멋진데!" 하고 허리에서 톱을 꺼내든다. 몇 분 동안 '벅 벅' 소리를 내며 자른 뒤에 흡족한 얼굴로 사체를 뒤로 하고 자리를 뜬다. 어쩌면 손에 든 뿔의 무게에 만족하며 콧노래라도 부르지 않았을까.

• • •

 러시아의 캄차카반도 중앙부에 있는 밀코보. 러시아인과 소수민족인 에테르멘과의 혼혈이 사는 마을로 인구는 5천 명가량이다. 1991년 가을에 그곳 향토사 박물관에서 여성 관장의 강의를 들은 적이 있다. '에테르멘은 하늘과 이어지고 러시아인은 역사와 이어진다'는 말로 시작되는 신화였다.

"캄차카를 만든 창조주는 큰까마귀'레이븐'이라고도 한다인 '꾸후'다. 꾸후는 캄차카를 자기 자식처럼 예쁘게 만들었다. 그리고 그곳에 새끼를 낳았다. 꾸후는 캄차카를 떠날 때 폭이 넓은 스키를 신고 있었다. 그때는 대지가 아직 약해서 꾸후가 스키를 타고 지나간 자리에는 낮은 곳과 높은 곳이 생겼다. 높은 곳은 산이 되었다. 꾸후의 맏아들인 데쥬꾸후도 많은 새끼를 낳았고, 그 새끼들을 위해 많은 동물을 만들었다…."

큰까마귀의 전설은 끝도 없이 이어졌다.

시레토코에서 나는 까마귀를 지켜보고 있었다. 바로 눈앞의 까마귀들은 이맘때의 다른 까마귀처럼 늘쩡거리며 큰곰이 먹다 남긴 찌꺼기에 모여든다. 그래서 사냥을 잘하는 큰곰 주위에는 언제나 까마귀들이 득실대고, 반대로 산란을 마치고 이제 죽을 일만 남은 연어를 뒤적이는 풋내기 곰 주위에는 한두 마리의 까마귀밖에 없기 마련이다. 즉, 까마귀를 몇 마리 거느리고 있는가를 보면 그 큰곰의 능력을 알 수 있다.

가끔 강을 거슬러 올라오던 연어가 어쩌다가 바위틈 물구덩이에 빠져 푸덕거리고 있을 때도 까마귀들은 그 주위에서 '깍 깍' 떠들어 대긴 해도 자기가 직접 나서는 일이 별로 없다. 고작 연어의 눈알을 쪼아 먹는 정도지 그 이상의 노역을 하려 들지 않는다. 아무리 봐도 꼴불견이다. 친척뻘인 큰까마귀는 창조주로까지 불리지만 이놈들의 꼴을 보면 화가 난다. 실은 인간과 가까이 사는 조류의 대표종인 까마귀에게 큰 매력을 느낀 적도 있긴 하다. 그래서 한때

까마귀는 곰이 사냥을 잘한다는 사실을 알고 있다.

까마귀와 여우의 관계를 자세히 관찰하려고 '관찰 15년 계획'까지 세웠다가 시간이 없어 포기했지만 말이다.

까마귀는 변화에 민감한 동물이다. 아무리 작은 변화도 절대 놓치지 않는다. 다리가 아픈 일본사슴이 있었다. 그런데 웬일인지 사슴 주위를 몇 마리의 까마귀가 늘 따라다녔다. 사슴은 피곤했던지 자주 쉬며 옆으로 누웠다. 그러면 까마귀들이 가까이 가서 털을 물어뜯었다. 털갈이 직전의 겨울털이었다면 괜찮았겠지만, 곁에 늘 붙어 다니는 것을 싫어하는 눈치였다.

20년쯤 전에 얼어붙은 습지에 모로 넘어져 있는 젖소를 진단한 일이 있었다. 넘어진 젖소를 가장 먼저 발견한 것은 까마귀들이었다. 20마리가 넘는 까마귀 떼가 얼음판에 미끄러져서 다리가 부러진 젖소를 둘러싸고 있었지만 젖소를 공격하지는 않았다. 젖소 주인인 스즈키 씨가 까마귀 떼에 둘러싸인 소를 발견하고 황급히 나를 불렀고 내가 살 가망이 없다는 진단을 내리자 그날로 소를 잡았다. 스즈키 씨는 까마귀들이 떠들어 댄 덕분에 소가 죽기 전에 처치할 수 있어서 다행이라고 여러 번 말했다. 죽은 소는 한 푼의 가치도 없었을 테니까.

나는 까마귀에게 뒤쫓기고 있는 다리가 아픈 사슴의 앞날을 생각해 보았다. 야생의 큰 짐승에게는 몸뚱이를 받쳐 주고 있는 다리의 부상은 치명적이다. 그것을 알고 다친 짐승을 뒤쫓는 까마귀들. 한 수 앞을 내다본다는 것이 바로 이런 게 아닐까! 까마귀들은 그들을 따라다니다가 사슴이 죽으면 이렇게 떠들어 댄다.

"죽었다, 죽었어! 사슴이 드디어 죽었단 말이야!"

그 소리를 듣고 달려오는 것은 까마귀만이 아니다. 다른 동물들도 모여들겠지만 그 가운데 큰곰이 끼면 까마귀한테는 더 없는 행운이다. 그들이 먹기 좋게 큰곰이 사슴을 해체해 줄 테니까. 자기가 하지 못하는 일을 큰곰에게 맡기고 그 찌꺼기로 포식을 하는 것이다.

옛날에 우리 조상들도 아마 까마귀처럼 동물의 사체를 찾아다녔을 것이다. 그것이 먹을거리였다. 오늘날도 아프리카의 채집민은 표범이나 사자, 하이에나 등이 잡은 동물을 가로채서 먹고 산다. 동물의 사체가 바로 인간의 사냥감인 것이다. 까마귀들이 떠들어 대는 곳에 가면 사체가 있다. 몇 번 아니 수십 번의 경험으로 사람은 그것을 확신했다. '저 새만 쫓아가면 먹을 게 있다'는 것을 학습한 것이다. 까마귀 또한 자기가 떠들어 대면 동물의 사체를 해체해 줄 놈이 온다는 것을 학습했을 것이다.

굶주린 자에게 까마귀가 떠들어 대는 소리는 마치 조물주의 목소리처럼 들렸으리라. 더구나 까마귀는 새까맣다. 두려우면서도 신비로운 뭔가를 느끼게 했을 것이다. 그런 맥락에서 큰까마귀의 전설도 생겨난 것 같다.

바로 눈앞에서 큰곰이 도망가고 있었다. 자기 혼자서 먹으려고 풀숲 뒤로 연어를 물고 들어갔다가 달려든 까마귀 떼에 깜짝 놀란 모양이다. 그 까마귀 떼는 큰까마귀는 아니었고 큰부리까마귀 떼에 몇몇 다른 까마귀가 섞인 혼성팀이었다. 신앙심이 옅은 내 눈에는 그저 도적 까마귀 떼처럼 보였다.

• • •

 어느 날 아침, 뜰에 만들어 놓은 먹이대에 어치 두 마리가 와 있는 것을 낙농인 고야마 군이 보았다고 한다. 그러면서 올해는 농축산물이 잘 안 될 것 같다며 돌아갔다. 산에 나무 열매가 적게 달리는 해는 어치가 마을까지 내려온다는 것이다.

 그 이야기를 듣고 난 며칠 후, 포도주를 잘 담그는 아라이 씨도 올해는 기대하지 말라는 인사장을 보내 왔고, 다람쥐들도 겨울 음식 준비를 일찍 시작한 것 같다. 그래서 시간을 내서 굿샤로호에 나가 보았다. 호반 일대가 물참나무와 떡갈나무로 이루어진 큰 숲으로 우리 집에서는 해마다 먹이대에 필요한 도토리를 여기서 얻어 온다. 얻어 온다기보다 가서 마음대로 가져오는 것이다. 호반의 숲에서 생산되는 도토리는 너무 많아서 매년 3분의 1은 그대로 숲에 남는 것 같다.

 어느 해 가을, 도토리가 어떻게 소비되는지 실제로 조사해 보고 싶은 마음이 생겼다. 호반의 숲에 하루 종일 앉아서 관찰해 보니 다람쥐는 도토리를 보고도 못 본 체하고 있었다. 아마도 좋아하는 야생호두가 주변에 얼마든지 있기 때문일 것이다. 다른 숲에서라면 이맘때 미친 듯이 여기저기 돌아다니며 도토리를 땅속에 묻느라 바쁠 텐데 그런 광경도 볼 수 없다. 아까 나타난 다람쥐도 발 디딜 곳 없이 떨어져 있는 도토리 사이를 한가히 돌아다닐 뿐이었다. 또 하나의 주역인 어치 역시 도토리 모으기에 그다지 열의가 없어 보였다. 그날 조사로 많은 도토리가 그 껍질 속에서 자라는 기생충의 먹이가 된다는 결론을 얻었다. 아무튼 이제부터는 도토리를 주

먹이대가 부른 귀한 손님, 규슈에서는 두 번밖에 보지 못한 검은멧새.

워 가는 것 때문에 죄책감을 느끼지 않아도 될 것 같아 마음이 놓였다. 그 이후로 수년 동안 겨울철 먹이대에 필요한 도토리는 가을날 하루 만의 원정으로 해결되었다.

그런데 고야마 군의 말대로 올해는 상황이 좀 다른 것 같다. 그래서 이번에는 가져오지 않기로 했다. 우리 집 뜰에는 앞서 말한 대로 야생동물을 위한 먹이대가 곳곳에 마련돼 있다. 딱히 내가 애조가나 동물애호가라서 설치한 건 아니다. 그렇지 않아도 입원 환자가 너무 많다. 우리 병원에 입원했던 동물이 다시 야생으로 돌아갔다가 먹이가 궁해지면 우리 집으로 돌아오곤 하는데, 그때마다 창문을 두드리는 소리에 깜짝깜짝 놀라기 싫어서 1년 내내 먹이대에 뭔가 올려놓고 있는 것뿐이다.

그러나 한편으로는 먹이대가 있어서 여러 가지 필요한 정보를 얻기도 한다. 야생 열매가 잘 안 되는 해에는 9월 하순부터 산속에 사는 동물들이 찾아와서 가을 산의 형편을 알려 주는 것이다. 어느 해 겨울에는 잣까마귀가 먹이대를 찾았다. 잣까마귀는 좀처럼 인가 근처에 오지 않는 놈이다. 조사를 위해 다람쥐에게 주려고 눈잣나무의 씨를 먹이대에 올려놓았더니 다른 짐승들이 모여들었고 그 가운데 잣까마귀가 끼어 있었다. 초봄에는 갈색양진이가 찾아왔고 검은멧새 네 마리와 촉새, 멧새까지 한 식구가 되었다. 늦봄에는 두 마리의 검은멧새 부부와 콩새 부부가 끝까지 자리를 뜨지 않아 우리 집 뜰 어딘가에 둥지를 틀지 않을까 해서 마음이 설레기도 했다.

한번은 먹이의 종류에 따라 모여드는 새의 종류 등을 분석한 자료가 있는지 찾아봤더니 국내에서 출간된 것은 거의 없었다. 수년 전에 캐나다와 미국을 여행할 때 어느 책방에 그런 책들이 있어서 일고여덟 권씩 몇 권을 구하긴 했다. 그런데 20년 전까지 야생동물에게 먹이를 주는 데 대한 찬반 논란이 많았던 것을 기억한다. 그 당시에는 야생동물에게 먹이를 주면 야성을 잃어서 많은 생물이 스스로 살아갈 수 없다는 설이 지배적이었다. 그래서인지 먹이를 주는 행위가 떳떳하지 못한 일처럼 여겨졌다. 그런 이유로 자료다운 자료가 없는 것이 아닐까.

인구가 고작 6천 명 정도인 우리 시골 마을에서도 많은 사람이 찾아오는 야생동물에게 먹이 주는 일을 즐기고 있다. 만일 학자들이 말한 대로라면 불행한 결과가 벌써 나타나지 않았을까. 아니면 신경을 곤두세우고 갑론을박하던 것에 비해서는 별 문제가 아니었는지도 모른다. 이쯤 되면 누군가가 이에 대해 발표라도 하면 좋을 것 같다. 아무튼 우리 집에서는 여전히 환자 또는 식객이었던 동물들의 생존을 돕는다는 이유로 얼마 안 되는 수입을 계속 축내고 있다.

• • •

체육의 날 일본의 공휴일, 10월 둘째 주 월요일을 전후로 내 마음은 괜히 설렌다. 여러 친구로부터 고니가 건너오기 시작했다는 정보가 들어왔다. 고니 이야기가 계절 인사가 된 지 오래다. 근처의 도후쓰호에 날아드는 것은 대부분 큰고니다. 4월의 봄날, 호수에 그물을 치고 고기잡이를 시작하면 북쪽으로 돌아가는 큰고니의 여행이 시작되는 것과 달리, 다시 돌아올 때는 별다른 예고가 없다. 어느 날 아침 호수를 바라보니 세 마리가 있었다든가, 남쪽으로 120킬로미터나

큰고니가 처음 나타난 날, 푸른 가을 하늘이 그들을 반긴다.

일몰 중에도 묵묵히 작업의 손길을 멈추지 않는 자원봉사자.

떨어진 오다이토에 왔다든가 하는 전화가 오고 이틀쯤 지나서 나타나기 때문에 첫날이 언제라고 딱 잘라 말할 수 없다. 북쪽으로 200킬로미터나 떨어진 소야에 있는 포로호나 굿차로호에 날아오는 것은 흑고니인데 경로가 큰고니와 다르다 보니 북쪽으로부터의 정보는 별 도움이 안 된다.

그렇지만 어느 해 체육의 날, 맑게 갠 푸른 하늘에 높이 남하하는 네 마리의 큰고니를 본 이후로는 그 광경에 감동한 나머지 해마다 체육의 날이면 으레 고니가 찾아올 것이라 기대하고 있다. 또 하나 안 사실은 큰고니는 대부분 사할린을 거쳐 남하하는데, 근처의 호수에 내려서 잠시 쉬었다가 다시 남하를 시작한다는 추측은 사람들이 제멋대로 생각한 것이다. 그중에는 발아래 있는 호수를 본체만체 그대로 지나치는 놈들도 있을 것이다.

생각해 보면 당연한 이야기다. 힘드니까 쉬는 놈들도 있겠지만 개중에는 아직 힘이 남아 있는 놈도 있을 것이기 때문이다. 조사 결과에 따르면 남하 경로는 호수와 늪으로 이어져 있다. 호수와 늪을 따라서 경로가 정해졌다는 것이 더 정확한 표현이다. '그렇다면 기운이 센 놈은 계속 앞으로 나아가도 되고…' 여기까지 생각하다가 문득 '그럼 왜 꼭 이곳 도후쓰호일까?' 하는 의문이 들었다. 역시 인간과 마찬가지로 철새에게도 좋아하는 곳이 있거나 먹이가 되는 수초가 많은 곳을 따로 기억하는 것이 아닐까.

하여튼 체육의 날 전후가 되면 정말 큰고니가 올 것처럼 떠들어대니까 주변 사람들에게 그렇게 고니가 좋으냐는 질문을 가끔 받는다. 그러면 "예, 좋아해요" 하고 적당히 답해 두지만 사실은 야생동물 가운데 좋아하는 것은 한둘이 아니다. 흰꼬리수리를 비롯해서 여우, 너구리, 다람쥐, 까마귀…. 이렇게 꼽다 보면 열 손가락이 모자란데 큰고니는 순위 안에도 들지 않는다.

그러나 큰고니와 나의 인연은 결코 짧지 않다. 꽤 오래전 일이지만 어느 추운 겨울날 우리 세 사람은 사체들에 둘러싸여 있었다. 그 세 사람이란 삿포로에 사는 마쓰이 선생의사, 즈이키 선생교사 그리고 나수의사이며, 사체란 수백 마리의 죽은 큰고니였다. 장소는 오다이토초등학교의 체육관이었다. 한파로 호수가 얼어붙어서 500마리나 되는 큰고니가 떼죽음을 당한 것이다. 우리 세 사람은 그 사인을 규명하려고 모였고 삼일 밤낮을 조사한 끝에 큰고니들이 굶어 죽었다는 결론을 내렸다.

그 사건을 계기로 이 고장에서 야생동물에게 먹이를 제공하기 시작했다. 그 일에 발 벗고 나선 것은 초등학교와 중학교 학생들이다. 그러다가 주변 사람들도 참가하면서 마침내 홋카이도 전체에 그 운동이 퍼져 나갔다. 아오모리현, 나가타현, 시마네현…. 어느새 전국으로 퍼져 나갈 기미를 보였다. 누가 시키지 않아도 많은 사람이 자기 도시락을 싸 가지고 다니며 참가했다. 볼런티어volunteer, 자원봉사자라는 쑥스러운 호칭이 사람들 입에 오르내린 것도 이맘때였을 것이다. 누군가가 볼런티어를 '의용군'이라고 번역한 일도 있었던 것 같다. 하긴 지금 그때를 생각하면 의용군이 더 맞는 말이다. 예나 지금이나 '보호', '먹이 제공' 하면 뭔가 대의명분을 앞세우고 그 의의를 되씹으며 일을 추진하는 느낌이 짙다. 천연기념물이니까, 희귀종이니까, 사람에게 이익을 주니까…. 이런 명분들이 항상 모든 활동에 앞서야 했다. 그런데 명문을 떠나서 그저 '가엾다'는 원초적인 생각에서 시작된 보통 사람들의 먹이 제공 작업은 나에게는 처음 겪는 신선한 충격이었다.

그때 참가한 많은 사람은 이름 없는 사람들이었다. 그런 사람들이 이름 없는 많은 생명을 구했다. 큰고니와 함께 기러기, 바다새들까지 수많은 야생동물을 구한 것이다. 그리고 사람들은 학교 밖에서 자기도 모르게 생명이란 것에 대해 배울 수 있었다. 여느 때 같으면 엽총을 '탕탕' 쏴서 죽였을 생명을 같은 시기에 이름 없는 사람들이 구해 내고 그것과 교감을 나누었다. 그러면서도 그 누구도 정의 따위를 입에 올리지 않았다. 그 작업의 출발점이 큰고니들의 죽음이었다면 죽은 500마리의 큰고니도 어떤 의미에서는 자원해서 참가한 의용군이었다.

큰고니가 날아오는 가을이 되면 그 일이 선명하게 머리에 떠오른다.

· · ·

가을이 꽁지를 내리면서 겨울은 구름 사이에서, 나뭇가지 사이에서, 오호츠크해 저 건너편에서 힐끗힐끗 모습을 보이기 시작한다. 낮과 밤의 길이가 뒤바뀌고 태양은 쑥스러운 얼굴로 남쪽 산마루를 핥듯이 이동하기 시작했다. 서둘러 겨울 준비를 하고 있던 다람쥐도 가끔 모습을 드러내는 것은 준비를 미처 끝내지 못한 그해 태어난 놈들뿐이고 대부분 일찌감치 동면에 들어간 것 같다.

청설모도 기상 시간은 달라지지 않았지만 오후 2시쯤에는 잠자리에 든다. 발밑에서 나를 위협하던 무산쇠족제비는 몸에 흰 털이 섞이기 시작했다. 시카리베쓰호 주변의 우는토끼가 서식하는 들에도 나뭇잎들이 떨어지기 시작했다. 9월에 마른 풀을 열심히 모으던 놈들도 지금은 하루에 두서너 번밖에 모습을 볼 수 없다고 그곳에 사는 친구가 전화로 알려왔다. 시레토코의 큰곰은 피하 지방을 양껏 모아서 아마 지금쯤은 자기 몸을 주체하기 힘들어하고 있겠지.

어떤 의미에서 모두들 가게 문을 닫으며 가을의 끝을 알리고 있는 것이다. 그런데 자연은 언제나 예외를 준비한다. 만물이 움츠러들고 가게 문을 닫기 시작하는 가운데 오히려 가슴을 활짝 펴는 생물이 있다. 홋카이도의 일본사슴이다. 그들은 늦가을에 일생에서 가장 화려한 한때, 즉 발정기를 맞는다. 암컷은 수컷을 끄는 데 여념이 없고 수컷은 정력이 왕성해 보인다. 특히 수컷은 근육이 마디마디 튀어나오고 몸의 짙은 갈색 털에는 광채가 돈다. 가슴은 더 이상 나오지 못할 정도로 부풀어 오르고 숱한 나뭇가지에 단련된 뿔이 무사의 칼처럼 머리 위에서 번득인다. "장하다! 그대여!" 하고 칭찬이라도 건네고 싶을 정도다.

군베쓰에 살고 있는 친구 구보 씨가 들려준 이야기인데, 아이누 족은 두릅나무의 눈이 꺾이는 모습을 '사슴의 뿔이 떨어진다'라고 표현한다고 한다. 사슴 뿔이 '똘깍' 하고 떨어지듯이 두릅나무의 눈이 꺾이기 때문이다. 이 지방에서는 5월 초순쯤 수사슴들은 뿔이 떨어져 나가는데, 실은 그때부터 수사슴은 수컷임을 포기하게 된다. 수컷의 상징이자 실제로 쓸 수 있는 무기를 잃고 마는 것이다. 그리고 자신감 또한 잃는다.

처음에는 떨어져 나간 뿔이 아직 그대로 붙어 있는 것처럼 느끼는 모양이다. 그래서 이른 봄에는 한동안 수놈들끼리 맞서면 얼떨

결에 서로 뿔을 맞대고 싸우는 시늉을 한다. 하지만 곧 뿔이 없다는 걸 깨닫고 앞발로 싸우다가 대개 그것도 귀찮다는 듯이 싸움을 그만두고 서로 떨어져 평화주의자인 양 행동한다.

시간이 지나 마침내 한 쌍의 어린 뿔이 머리 위로 나온다. 뿔의 싹인 셈이다. 겉모양은 뿔이지만 속이 아직 충실치 않아 물렁물렁하다. 혈액과 신경세포로 엉긴 덩어리 같은 것으로 뿔 구실을 하려면 아직 때를 기다려야 한다. 그래도 사슴은 사슴이다. 뿔이 성숙하기 전에도 두 수놈이 맞서면 투쟁 본능이 일어난다. 그러나 뿔을 아직 무기로 쓸 수 없기 때문에 결국은 앞발로 싸우지만 이런 싸움 방식은, 암컷이나 어린 사슴간의 싸움질은 될지언정 수컷으로서는 품위에 어울리지 않는다. 그래서 뿔을 잃은 뒤의 일본사슴은 한동안 수컷임을 포기하고 오로지 때를 기다리는 나날을 보낸다.

나는 이런 수사슴이 부럽다. 남자라고 1년 내내 긴장해서 살아야 한다면 너무하지 않은가? 가끔 쉬고도 싶다. 남자의 위신이라는 것이 이른 봄에 두릅나무의 눈이 꺾이듯 떨어져 나가 한동안 사내임을 내팽개칠 수 있다면 얼마나 좋을까? 아내나 아이들의 심정도 더 깊이 이해할 수 있고, 남자의 체면을 내세운 쓸데없는 싸움도 없지 않을까? 그러다가 모두들 긴 겨울 채비에 들어가려는 가을이 되면 수놈은 명예를 되찾고 짧고 깊게 산다. 아, 멋지지 않은가. 일본사슴들에게 그때가 바로 10월인 것이다. 보기에도 그 모습이 늠름해서 나도 모르게 '이번 겨울에도 힘내게, 친구!' 하고 말을 건네는데 첫눈이 내리기 시작한다.

'언제든 상대해 주마!' 발정기의 일본사슴 수컷.

11월
흙을 만들고,
그 흙으로 살아가는 사람들

　홋카이도 동부 해안선을 따라가다 보면 떡갈나무만으로 조성된 숲을 만난다. 그곳의 떡갈나무는 2백 년이 훨씬 더 된 나무들이다. 나는 처음에 떡갈나무 숲을 보고 – 정확하게는 간혹 물참나무도 섞여 있지만 – 이것은 자연 번식이 아니라 사람이 식재한 것이라고 단정했었다. 그러다가 얼마 뒤에 자연이 일군 순수한 떡갈나무 숲이란 것을 알게 되었다. 사람이라는 동물은 자연 속에 효율을 적용하려 한다. 그 결과가 바로 '직선'이다. 인공적으로 조성된 숲은 나무와 나무의 간격이 일정하기 마련이다. 당연히 나무가 직선으로 늘어서 있다. 그런데 2백 년이 넘은 그 숲에는 어디에도 직선이 없어서 이 숲이 인공림이 아닌 자연림이라는 것을 말해 준다.

　이런 상상을 해 본다. 아주 오랜 옛날 대풍작의 가을에 뚝뚝 도토리가 떨어진 자리는 땅 위만이 아니었을 것이다. 늪지대일 수도 있고 호숫가였을 수도 있다. 물위에도 물론 떨어졌을 것이다. 도토리는 물에 떠내려가 가까운 바닷가 모래밭에 얹히기도 한다. 그리고 어느 날 그곳에 뿌리를 내리고 땅속의 수분을 빨아들인다. 다음 해 도토리는 싹을 틔운다. 도토리의 두툼한 떡잎은 대량의 전분과 지방의 저장고로, 태어나는 어린눈을 키울 충분한 영양분을 가지고 있어 다음 해의 성장까지도 도울 수 있다. 이렇게 10년이 지나면 어린 떡갈나무 숲이 되고, 백 년이 지나면 울창한 숲을 이룬다. 그리고 2백 년이 훨씬 넘으면, 보는 사람의 입이 쩍 벌어질만한 거대한 숲이 된다. 떡갈나무 숲을 보며 이 숲이 탄생할 무렵과 지금의 모습을 갖추기까지의 과정을 상상해 보았다. 만일 내 상상이 틀렸다면 조물주에게 듣는 수밖에 없겠지.

'쿠릴 열도는 해달의 보고'라는 소문에 카자크인 흑해와 카스피해의 북쪽에 살던 사람들이 점점 남하를 시작해 갑자기 이 고장에 사람 그림자가 보이게 됐지만, 남쪽에서 마쓰우라 다케시로 1818~1888, 에도 시대의 탐험가가 시레토코에 오기까지에는 아직 반세기가 더 필요했다. 당시 혼슈에서 건너온 에도 막부의 관리들은 야쿠자도 혀를 내두를 만큼 원주민인 아이누족을 혹사시켰고 결국 수많은 사람이 죽어 나갔다.

아무튼 그 무렵의 떡갈나무들은 아마도 사람 그림자를 보지 못하며 자라고 있었으리라. 숲에 제일 먼저 눈독을 들인 것은 이곳을 요람으로 삼은 새들과 다람쥐, 너구리 같은 야생동물이었을 것이다. 그 뒤에 도토리가 정기적으로 여무는 시기가 되고 드디어 아이누족의 일부가 겨울 양식을 위해 찾아 들어오는 정도였을 것이다.

마침내 메이지 시대에 들어서 겨우 일본 정부가 북방 방위를 걱정해 조금씩 개척민들을 이곳으로 보내기 시작했고, 개척민들은 가끔 땔감을 얻기 위해 이 숲을 찾았다. 그런데 숲이 생산하는 도토리가 큰곰의 동면을 위한 식량이 되면서 조금씩 불어난 개척민들과 큰곰 사이에 말썽이 생겼고, 그것을 계기로 마침내 인간들은 숲에 대해 다시 생각하기 시작했다. 이윽고 방풍, 방한, 방조 등의 기능을 생각해 내기에 이르렀다. 지난 긴 세월에 걸친 떡갈나무 숲과 인간의 관계는 아마도 이런 양상이 아니었을까.

언제부터인가 나는 매년 11월 3일 문화의 날, 공휴일에는 얀베쓰의 해안에 있는 떡갈나무와 물참나무 숲에서 지낸다. 그날은 이제까지 한 번도 날씨가 나쁜 적이 없었다. 그래서인지 앞으로도 그럴 것만 같다. 가까이에 있는 도쓰루호에는 200마리 정도의 큰고니들이 남쪽으로 가기 위해 휴식을 취하고 있다. 얼마 전에는 겨울을 나기 위해 먹이를 찾아 낙엽 사이를 분주하게 돌아다니던 다람쥐의 발소리가 끊이질 않았는데, 이제 그 소리마저 들리지 않는다. 동면에 들어가는 것이 좀 늦는 그해 태어난 다람쥐라 해도, 그날까지 먹이 준비를 마치지 못하고 돌아다니는 놈은 꽤 늑장을 부린 것이다.

햇볕이 좋아 오후에는 낙엽 속에서 낮잠을 잤다. 남쪽 비탈진 곳에 바람에 날려 쌓인 낙엽더미가 높이 1미터는 넘어 보였다. 그 속에 몸을 누이면 저절로 졸음이 온다. 그 옛날 큰곰과 너구리도 이맘때면 나처럼 낮잠을 즐겼으리라. 그러나 나의 단잠도 옆에서 도토리를 나르는 다람쥐의 부스럭거리는 소리에 토막이 나곤 한다. 그런데 그 소리가 조금 쓸쓸하게 느껴졌다. 이 계절, 숲은 이상하게 조용하다.

문득 누군가 내 옆에 와 있는 것 같은 느낌이 들어 눈을 떴다. 숲이 붉게 물들고 있었다. 오후의 태양이 눈에 띄게 높이를 낮췄고,

인간은 만들 수 없는 아름다운 숲, 자연이라는 명장의 작품이다.

붉게 물든 물참나무의 잎들을 더욱 붉게 비추고 있었다. 물참나무는 다음 해 5월에 새눈이 나오기 전까지는 잎이 단풍이 든 채로 가지에 붙어 있다. 그래서 늦은 오후의 햇살이 숲을 비스듬히 비추면 그 일대가 온통 붉은 바다가 된다. 붉은 풍경 속에 소리도 없이 멀찌감치 서서 나에게서 눈을 떼지 않고 서 있는 짐승이 있었다. 일본사슴 암놈이 내 잠을 깨웠던 것이다. 자연 속에 잠들어 있을 때면 언제나 누군가가 잠을 깨운다. 소리도 내지 않고 일정한 거리를 두고는 나에게서 눈을 떼지 않고 있는 짐승의 시선이 나를 깨우는 것이다.

나무 위에 앉은 큰부리까마귀 때문에 단잠에서 깬 적도 있다. 다람쥐일 때도 있다. 붉은여우는 한쪽 다리를 쳐든 채 나를 보고 있다. 너구리는 내가 눈을 뜨자 '흥!' 하고 가버린다. 족제비, 오색딱따구리…. 내 잠을 깨우는 동물들은 얼마든지 있다. 오늘의 일본사슴도 종종 내 잠을 깨우는 수많은 훼방꾼 중의 하나였다. 이 이야기를 했더니 아내는 내 코 고는 소리 때문에 지나가던 동물들이 내 잠을 깨운다나. 만일 그렇다면 좀 서운하다.

• • •

밤사이에 내린 눈으로 길바닥이 하얗게 엷은 화장을 한 날 아침, 어부들이 묵는 오두막을 지키는 선장에게서 전화가 걸려왔다. 내일은 도로가 폐쇄된다며 루샤로 가는 길이 모두 막힌다고 알려 줬다. 나는 그 이야기를 듣고 집을 나섰다. 올해의 마지막 루샤 여행을 하기 위해서다. 시레토코의 산들이 새로 쌓인 눈으로 반짝이고 있었다. 여름 내내 관광객들로 북적이던, 온천수로 이름난 가무이

왓카 폭포에는 사람의 그림자도 보이지 않았고, 사람을 낯설어하지 않는 붉은여우 한 마리가 상류 온천으로 가는 길에서 내려오고 있었다. 겨울털로 예쁘게 갈아입은 여우의 모습을 한 장 찍고 나서 모델료를 미리 준비해 오지 않아 미안한 마음으로 허둥지둥 차에 올랐다.

큰 다리 바로 앞의 커브 길에서 사슴들을 만났다. 암놈들뿐인 줄 알았는데 그 안에 세 살배기 수놈도 한 마리 끼어 있었다. 발정기에는 세 살만 돼도 암놈을 차지하려는 싸움에 뛰어든다. 그러나 그 사슴은 관객이 나타나서 쑥스러웠던지 금세 달아나 버린다. 겁쟁이라고 중얼거리며 나는 다리를 건넜다. 공유림 입구에 있는 출입문의 자물쇠를 열고 안으로 들어서니 천연 그대로의 자연이 여기저기서 얼굴을 내민다. 이 다리를 경계로 인간 세계의 떠들썩함이 전혀 없는 별세계다. 원래 루샤에 있던 사유림으로 이어지는 길이었는데, 그곳이 공유림이 된 뒤로는 길 끝에 있는 오두막에서 생활하는 사람들을 위한 길이 되었다. 그리고 매년 얼마 동안 루샤강에 있는 '연어 송어 증식 센터'의 직원이 이 길을 이용한다. 말하자면 일반인들은 거의 다닐 수 없는 야생의 지배하에 있는 길이다. 그러니 길을 가는 동안은 나도 모르게 기대나 흥분으로 가슴이 설렌다.

언젠가 길을 가다가 모퉁이를 돌아선 순간 눈앞에서 큰곰 모자와 맞닥뜨렸다. 차를 타고 있었기에 망정이지, 그때를 생각하면 지금도 식은땀이 흐른다. 새끼 곰은 놀라서 바로 옆의 큰 나무 위로 기어올랐지만 어미 곰은 별로 당황한 기색도 보이지 않았다. 아마 어미 곰에게 자동차는 늘 보던 그런 것이었으리라. 그처럼 큰곰과 맞닥뜨린 것은 한두 번이 아니다.

　길 한복판에서 커다란 큰곰의 똥 더미를 발견하곤 했는데 그때마다 차에서 내려 사진을 찍었다. 똥은 많은 것을 이야기해 준다. 그래서 동물의 똥을 보면 호기심이 생긴다. 똥은 비닐 주머니에 담아 강가에 가서 물로 씻은 뒤, 소화되지 않은 고형물을 들여다본다. 조사한다기보다 물끄러미 내려다보는 것이다. 그리고 머리에 떠오르는 상상의 세계에 파묻힌다.
　온통 눈잣나무 열매로 빚어진 똥 더미를 본 적이 있다. 그 묵직한 거구에게 덮여 열매를 물어뜯기는 눈잣나무의 기분은 어땠을까. 문득 43년 전 여름, 철없이 혼자서 시레토코산1254m에 오르려던 일이 생각난다. 하루 800미터의 산행을 목표로 했다가 보기 좋게 실패한 것은 눈잣나무 숲이 가로막고 있었기 때문이다. 앞을 가로막고 있는 가지들을 짓밟고 짓눌러도 나아갈 도리가 없었다. 견디다 못해 포기하고 결국 3일간의 악전고투에서 나 자신을 해방시켰다. 산을 내려오면서 나의 무력함을 비웃는 눈잣나무의 너털웃음이 들리는 듯 했는데, 큰곰에게도 저 눈잣나무는 저항을 했을까?
　어느 날 아침, 길이 온통 붉게 물들어 있었다. 절대 과장이 아니다. 가까이 가 보니 마가목의 열매 때문이었다. 마가목의 빨간 열매를 먹은 큰곰이 미처 소화를 시키지 못한 채 설사를 했는데, 그 거창한 물똥이 길을 붉게 물들이고 있었던 것이다. 좀처럼 보기 드문 광경이기에 차에서 내려 삼각대를 세웠다. 그때였다. 뭔가 내 주위에서 움직이고 있다는 느낌이 들었다. 그러다가 귀박쥐나물의 덤불 속에서 나를 보고 있는 큰곰과 눈이 마주쳤다. 거리는 불과 20미터.

큰곰의 똥 속에 가득한 마가목 열매.

색이 다 빠져 버린 홍송어의 머리뼈. 예술품이 따로 없다.

'저 붉은 물똥의 주인공이구나.'

번뜩 생각이 머릿속을 스치자마자 나는 살금살금 뒷걸음질쳐서 열려 있는 자동차 문으로 머리부터 틀어박듯 차 안에 쓰러졌다. 한번은 느닷없이 모습을 드러낸 큰곰에 놀라 혼비백산해 도망가면서 카메라 삼각대를 챙기지 못한 적이 있었다. 그러나 이번에는 삼각대의 다리를 꼭 쥐고 있는 손을 보고 회심의 미소를 지었다. 하지만 그때 길 전체를 물들인 새빨간 똥을 제대로 사진에 담지 못해 그곳을 지날 때마다 아쉬운 생각이 든다.

검은담비를 차로 뒤쫓은 일이 있었다. 딱히 나쁜 마음으로 쫓은 것도 아닌데, 어찌 된 영문인지 검은담비가 내 차를 비키지 않고 계속 앞으로 달려갔고 나도 그냥 달렸을 뿐이다. 사람이 별로 다니지 않은 들에서 야생동물과 함께 달린 추억은 수없이 많다. 일본사슴들은 갈 때마다 두세 마리와 함께 즐거운 시간을 보낸다. 눈토끼와 경주한 적도 있다. 울퉁불퉁한 들녘이다 보니 속력을 낼 수는 없다. 대부분 내가 경주에 지는데 그럴 때마다 은근히 약이 오른다.

여기서 잠깐 숲길에 대한 내 생각을 정리해 보겠다. 길은 분명히 있지만 항상 '지나가고 싶니?' 하며 물어보는 것 같다. 위를 올려다보면 무서워서 지날 수 없는—언제 바위가 떨어질지 몰라 전전긍긍하게 되는—험한 절벽이 우뚝 솟아 있다. 그럴 때마다 안전하게 지나게 해 달라고 빌게 된다. 아래를 내려다보면 발바닥이 근질근질해지는 곳도 많다. 특히 이름 없는 작은 늪에는 다리나 그것과 비슷한 콘크리트 구조물이 있다고 해도 항상 물이 그 위를 덮고 있다. 가끔 물에 밀려 내려왔는지 큰 돌이 길을 막고 있기도 하다. 이래저래 숲길을 지나갈 때는 항상 무사히 지나게 해달라고 기도한다. 신의 존재를 믿지 않고는 지날 수 없는 길인 것이다.

  공유림 입구를 지나서 1시간, 그제야 루샤에 도착했다. 루샤에서는 모든 것이 겨울잠을 준비하고 있었다. 여름에 큰곰과 일본사슴들이 유리에 비치는 자기 모습을 이상한 표정으로 들여다보던 '연어 송어 증식 센터'의 창문 바깥쪽에도 나무판자가 붙여져 있다. 길 끝머리에 있는 오두막도 주위에 널려 있던 도구들을 모두 창고 안에 들여놓아서인지 분위기가 쓸쓸했다. 때마침 만난 선장의 말로는 모두 우토로로 돌아가고 지금 남아 있는 사람도 뒷정리를 마치면 떠날 거라고 한다.

  나는 저녁때까지 그곳에 있었고, 세 마리의 어린 큰곰들만 주위를 어슬렁거렸다. 먹이를 얻기 위해 큰곰 뒤를 졸졸 따라다니던 까마귀 군단은 보이지 않고, 재갈매기와 괭이갈매기, 붉은부리갈매기 떼만 눈에 띄었다. 새의 수는 가을철의 3분의 1 정도로 보였다. 일본사슴 떼도 멀리 보였는데 그 수가 얼마 되지 않았다. 돌아오는 길에 뎃판베쓰강을 들여다보았더니 연어 떼가 천천히 돌아다니고 있었다. 아직 이 강 옆의 루샤강에서는 적은 수의 연어가 계속 거슬러 올라가고 있는 모양이다. 강바닥에 연어인지 송어인지 모를 물고기의 머리뼈가 가라앉아 있다. 오랜 시간 물에 쓸린 탓일까, 색소가 다 빠져 창백한 모습으로 조용한 시간에 몸을 맡기고 있다.

・ ・ ・

  11월 초순에는 모든 농사일을 끝낸다. 끝낸다기보다 자연이 더 일하도록 허락하지 않는 것이다. 몇 차례 눈발이 뿌려지고 한파가 대륙 쪽에서 몰려오면 대지는 동토가 된다. 중순에 들어서면 언 땅의 두께가 15센티미터를 넘는다. 그러면 모든 농기계를 밭에서 사용할 수가 없게 된다. 한랭지인 이 고장에서 농산물의 총 수확량은 그 해 작물의 적산온도_{작물 생육에 필요한 열량을 나타내는 지표로 생육 일수의 일평균기온을 적산한 것}로 정해진다. 그래서 농부들은 봄이 되면 하루라도 일찍 모종을 끝내기 위해 눈이 50센티미터나 쌓여 있어도 3월이 되면 기다리지 못하고 제설제를 뿌린다. 반대로 수확기에는 하루라도 늦게 거둬들여야 수확이 많아지므로 수확을 될 수 있는 대로 늦추려 한다.

실례가 되는 표현이지만, 너무 욕심을 부리다가 '자연의 거부'에 부딪쳐 동토 위에서 꼼짝달싹 못하게 된 대형 트랙터를 한숨 쉬며 바라보는 광경이 가끔 연출된다. 농부들도 머리를 쓴다. 농기구를 대형화하면 이런 상황을 극복해 낼 수 있지 않을까 하고. 그러나 자연은 인간을 비웃듯이 기구를 파손시켜 버린다. 결국 농부는 단념하고 농사의 마감일을 지키게 된다. 그 날짜가 지역에 따라 약간씩 차이가 나지만 평균 11월 15일이다. 자연은 지금도 대지와 그곳에서 삶을 이어가는 생물들을 지배하고 있다.

11월의 어느 날 저녁, 수많은 농부가 각자 자신들이 자랑으로 여기는 농산물을 들고 한자리에 모였다. '시식회'라는 이름의 친목회다. 이들은 자신들을 그저 유기농업자가 아닌 '흙을 만드는 모임'의 일원이라는 데 자부심을 갖고 있다.

북쪽 지방의 땅은 토양 생성에 아득한 시간이 필요하다고 한다. 한 문헌에 의하면 자연은 백 년에 두께 1센티미터의 흙밖에 만들지 못한다고 한다. 낙엽이 지고 풀이 말라 쌓이면 그것을 온갖 생물들이 이용한다. 마지막에는 미생물까지 가세하여 창조한 결과가 바로 우리 인간이 이용할 수 있는 토양이다. 농부들이 농작물을 생산할 수 있는 토양은 수십 센티미터로, 단순히 계산해도 수천 년의 시간이 축적된 결과를 이용하는 셈이다. 모임의 회원들은 토양을 이용하기만 하고 토양을 만드는 작업에 그들 자신이 참여하지 않으면 지구에게 낯을 들지 못한다는 생각을 가진 사람들이다.

20여 년 전 어느 5월 아침, 우리 집 현관은 어린이, 할머니, 농부들로 북적였다. 하나같이 환자를 데리고 온 것이다. 그 환자란 쇠찌르레기였다. 여러 손에 실려 온 10마리쯤 되는 쇠찌르레기는 모두 죽어 가고 있었다. 그것을 들고 온 한 아이는 "방금 전까지는 살아 있었는데…" 하며 눈물을 글썽거렸다. 모두 중독 증상을 보이고 있었는데 농약 중독이 의심되었다. 결국 세 마리가 살아남고 퇴원한 놈은 한 마리뿐이라는 참담한 결과를 남기고 사건은 끝났다.

이 사건을 계기로 흙을 만드는 작업이 시작된 것이다. 어디서나 일어날 수 있는 비극이었지만 참가한 사람이 아주 많았던 것이 기폭제가 된 것 같다. '왜 그런 일이 벌어지는 걸까?'라고 한 사람이 생각했고, '그렇게 큰 사건의 원인이 농약이라면…'이라고 또 한 사람이 생각했다. '작은 새가 살아갈 수 없는 땅에서 우리들의 먹을거리가 자라고 있다'고 중얼거린 사람도 있었다.

이렇게 해서 그 문제를 깊이 생각하는 모임이 생겼다. 우여곡절 끝에 어려움이 따르더라도 '흙을 만드는' 길만이 유일한 해답이라는 데에 생각이 모아졌다. 근대 기술의 기법을 빌려 백 년에 1센티

중독 때문에 손에 들려 온 쇠찌르레기. 수많은 새가 목숨을 잃었다.

미터라는 토양 생성에 걸리는 시간을 3분의 1 정도로 단축시키는 작전을 세웠다. 도쿄에서 이 분야 전문가인 우치미즈 마모루 박사를 초빙했고, 월 1회의 세미나가 13회에 접어들 무렵 거기 모인 사람들은 어느새 어엿한 '환경보호론자'가 되어 있었다. 지금으로부터 20여 년 전의 일이다.

그 뒤 언제부터인가 우리 집에서 가끔 파티가 열린다. 그때 회원들이 저마다 자기 밭에서 농사지은 작물을 들고 오는 것이다. '자기 밭'이란 자기가 만든 흙으로 이뤄진, 이름 그대로 자기 밭이다. 모든 생물들의 생명을 앗아가지 않는 마음 놓이는 흙으로 만들어 낸 작물과 그것으로 만든 음식이다. 그들이 서로 주고받는 "맛있다"는 말 속에는 그야말로 자부심이 스며 있다.

그날 아침, 우리 집에 들려왔던 작은 생명의 수십 배가 그 당시 죽었을 것이다. 그러나 그 사건이 도화선이 돼서 적어도 농부 수십 명의 의식을 변화시키는 큰 사건으로 발전된 것을 나는 하늘에 감사한다. 그날 우리 집에서 죽은 작은 생명, 쇠찌르레기의 죽음이 헛되지 않았던 것이다. 비극의 발단과 진지한 토론을 떠올리며 그 어려운 일을 오랜 세월에 걸쳐 해낸 농부들의 모습을 곁에서 볼 수 있어서 행복했다. 이 파티를 마지막으로 우리 집의 가을은 저물어 간다.

● ● ●

눈이 쌓이면 대지는 수다스러워진다. 지나가는 자의 흔적을 모두 담아서 이야기를 늘어놓는다. 그럴 때 방풍림을 걷다 보면 너무나 많은 흔적에 놀라게 된다. 예를 들면 여름에는 그다지 눈에 띄지 않던 쓰러진 나무가 뜻밖에도 숲속의 고속도로였다는 사실을 알 수 있다. 청설모의 발자국, 그것도 여러 마리가 지나간 것이 분명하다. 붉은여우와 너구리도 있다. 윗길만이 아니다. 뾰족뒤쥐, 붉은쥐, 땃쥐도 고속도로의 아랫길, 그늘진 국도를 지나가고 있다.

어제 오후 6시부터 1시간가량 눈이 내렸으니 거기에 남겨진 모든 발자국은 하룻밤 사이의 교통량을 말해 준다. 좀 더 걸어가니 일본사슴의 발자국이 줄지어 나 있다. 적어도 네 마리는 되는 것 같다. 방풍림을 서에서 동으로 가로지르며 끝이 어딘지 모르게 이어져 있다. 검은담비와 족제비의 발자국은 고속도로를 따라 보이다 말다 한다.

올빼미가 사냥을 한 자리도 남아 있다. 희생자는 들쥐 같다. 핏자국이 눈에 띄었다. 오리나무의 주변에 깔린 눈이 약간 누렇다. 코를 가까이 대고 냄새를 맡아 보니 쥐의 오줌 냄새가 난다. 주위에는 쌀알 같은 똥이 여기저기 흩어져 있다. 하늘다람쥐다. 가까이에 구멍 집이 있을 것 같다. 아닌 게 아니라 오리나무에서 4미터정도 떨어진 자작나무 고목에 구멍이 나 있다. 오색딱따구리가 몇 년 전에 썼던 둥지다. 나뭇가지를 꺾어 자작나무 밑동을 긁어서 소리를 내니 구멍에서 하늘다람쥐가 얼굴을 내밀었다. 눈 내린 뒤의 숲길은 즐겁다. 눈앞의 풍경은 조용하지만 눈 위에 남겨진 흔적들은 지난밤 숲속의 이야기를 수다스럽게 늘어놓는다.

한때, 사냥꾼 T씨에게 덫사냥을 배웠다. T씨가 덫사냥 면허를 가지고 있는지 물어보지는 못했지만 사냥꾼으로서의 그의 솜씨는 수많은 일화와 함께 사람들 입에 오르내렸다. 이를테면 어느 산속

눈은 대지를 수다쟁이로 만들어 많은 이야기를 들려준다.

에서 큰곰을 만나면 그 곰은 다음 날은 어디, 그 다음 날은 또 어디를 지날 것이라는 예언을 하곤 했다. 정말 그가 말한 대로였는지는 확인하지 않았지만 그때 T씨의 얼굴이 워낙 자신에 차 있어서 누구도 그 말을 의심하지 않았다.

덫사냥의 교육 기간은 초겨울이다. 첫눈이 내린 다음 날 아침 T씨로부터 전화가 왔다. 언제나처럼 눈이 녹지만 않으면 오는 일요일에 한다는 내용이었다. 그러나 약속은 몇 번 변경되었다. 초겨울의 눈은 곧잘 녹아 없어졌으니까. 교육 첫날 T씨는 아침 일찍 찾아왔다. 그리고 "뭐 하고 있는 거요, 어서 떠납시다" 하며 재촉했다. 나중에야 그것이 T씨의 인사말인 것을 알았다.

한번은 아침 일찍 준비하고 현관에서 기다렸는데 그때도 그는 같은 말을 내뱉었다. 아무튼 항상 즐겁게 교육을 받았다. 눈 위에 남겨진 발자국의 작은 변화만으로 T씨는 그 생물의 상태가 어떤지를 자기 눈으로 본 듯이 설명해 줬다.

"이놈은 배를 곯고 있어."

"오늘 아침은 기분이 좋다는데."

"자식, 잠자리를 찾고 있었군."

"멈춰 서서 공기의 흐름을 살피고 있어. 결국 아무것도 못 느꼈겠지만."

그는 혼잣말처럼 중얼거리듯 설명했다. 그리고 생물들이 의외로 적당주의고 항상 힘든 일은 하지 않으려 한다는 것, 사람과 거의 같은 생각을 한다는 것, 모기와 등에를 싫어하고, 실수를 한다는 것, 자연은 우리가 생각하는 것처럼 인자하지 않다는 것 등을 알게 되었다.

어느 해 남쪽의 산마루 일대의 국유림에서 큰곰의 발자국을 따라간 적이 있었다. T씨는 곰이 동면하기 위해 땅굴을 향해 간다며 뒤쫓아서 위치를 알아 두었다가 이른 봄에 잡는다고 했다. 그런데 우리는 그날 총을 가지고 있지 않았다. 그래도 걱정 없다며 내 말을 무시하고 발걸음을 멈추지 않았다. 능선을 둘 넘고 골짜기로 내려왔을 때는 벌써 오후 3시가 지났다. 해는 산 끝에 매달려 있었고 T씨도 나도 숨을 헐떡거리고 있었다. 내가 그만 돌아가자고 하자 T씨는 침낭을 가져 올 것을 그랬다며 후회했다.

　우리가 집에 돌아온 것은 오후 8시가 훨씬 지나서였는데 아내에게 뿐만 아니라 T씨의 부인한테도 심하게 잔소리를 들었다. T씨는 최대한 굽실거리는 저자세로 길을 잃고 헤맸다는 변명을 늘어놓았다. 하여튼 지금 생각하면 총도 없이 걱정 없다고 말하던 T씨의 무모함이 그리워진다.

　교육은 초겨울마다 3년 동안 계속됐고, 눈 위의 작은 흔적에 수많은 정보가 담겨 있다는 것을 알았다. 눈은 자연의 '이야기꾼'이었다. T씨와의 이별은 갑자기 찾아왔다. 교육이 시작되고 네 번째 첫눈이 오기 전에 그가 세상을 떠난 것이다. 그렇게 나는 졸업하지 못한 학생이 되고 말았다. 그래도 T씨에게 배운 기술과 마음을 어린이들과 젊은이들에게 전하는 일이 내 역할이라고 생각하고 있다. 더운 고장 규슈에서 태어나 규슈에서 자란 내가 가장 견디기 힘든 추운 겨울에 첫눈을 기다리게 된 것은 T씨 덕분이다.

• • •

　가을이 끝나 버린 것을 절실히 느낄 때가 있다. 이어 북서계절풍이 연달아 불어오면 어느새 아무도 그런 날씨를 개의치 않는다. 나뭇가지에서 잎들이 모두 떨어지고 봄까지 떨어지지 않겠다고 굳게 마음먹은 물참나무 잎만 남아 있다. 그런 때라도 자연은 자기를 찾아오는 자를 지루하게 하지 않으려고 마술사처럼 주머니 속에 무엇인가를 감춰 둔다.

　겨울을 기다리고 있는 을씨년스러운 숲에서 꽃을 만날 때가 있다. 나무수국인데, 양성화와 중성화가 섞여서 핀다. 양성화_{한 꽃에 암술과 수술이 모두 있는 꽃}는 거의 보이지 않을 정도로 작지만 그 주변을 장식하는 중성화_{암술과 수술이 퇴화한 꽃}는 흰색 꽃잎이 크다. 눈에 띄지 않는 양성화 대신 그 큰 꽃잎으로 벌레들을 찾아들게 해서 수정을 돕는다. 그런데 중성화의 꽃잎은 가을에 열매가 맺힌 뒤에도 시들지 않고 그대로 남는다. 정확히 말하면 꽃잎이 떨어지지 않고 있다가 어느새 자연 그대로의 말린 꽃이 되는 것이다. 여름철의 선명한 흰색은 아니지만 보랏빛을 띤 연한 황갈색의 꽃잎이 되어, 색을 잃고 잿빛 세상을 이루고 있는 숲속에서 마술사의 손끝에 나타난 꽃처럼 사람의 눈을 놀라게 한다. 자기도 모르게 '와!' 하고 소리 지르며 다가가게 되는 것이다.

　한번은 누가 "선생님, 활짝 핀 꽃이 있어요" 해서 나가 봤더니 신나무의 열매였다. 얇은 두 장의 깃털 같은 날개가 달린 씨가 석양에 붉게 물들어 팔랑거리고 있었다. 꽃이라고 불러도 좋을 만큼 아름다웠고, 씨를 싣고 멀리 날아갈 준비를 하고 있었다. 나도 모르

초겨울, 목련의 꽃눈이 봄에 활짝 필 꽃을 상상하게 한다.

게 카메라 셔터를 몇 번이나 눌렀다.

첫눈이 하늘을 나는 날, 남쪽 방풍림에서 때 아닌 꽃구경을 한 적이 있다. 그것도 역시 만개한 꽃처럼 보였다. 백목련의 꽃눈이었다. 5월의 개화기에는 멋진 꽃이 피지만 잎이 모두 떨어진 벌거숭이 겨울 숲속에서는 꽃눈만으로도 훌륭한 꽃이 된다. 봄이 되면 이렇게 꽃을 피우겠다고 예고하는 가지들이 나에게는 봄꽃보다 훨씬 운치 있어 보인다. 색깔이 지워져 모든 것이 싸늘한 풍경 속에서 여름의 자취를 드러내며 봄을 목마르게 기다리게 하는 생물들에게 나는 가끔 박수를 보내고 싶다.

• • •

우리 집은 지은 지 35년이 넘었다. 남이 싫어하는 말을 거리낌 없이 하는 친구 H는 우리 집에 들를 때마다 '누더기 집'이라며 흉을 본다. 도편수인 I씨는 새해 인사를 하러 왔다가 술을 마시고 돌아가면서 "선생님, 저는 책임 못 집니다" 하며 한마디 하는 것을 잊지 않는다. 이층으로 올라가는 계단의 틈이 매년 넓어지고 게다가 비틀려 있다는 것이다. 목조 모르타르 공법으로 지은 건축물은 여기 북쪽 지방에서는 수명이 25년인데 우리 집은 그것을 10년이나 넘겼다. 게다가 손질도 전혀 하지 않은 상태라는 비난 섞인 충고이리라. 지진이 날 때마다 멀리 떨어져 사는 자식들로부터 별일 없느냐는 전화가 온다. 친구들한테서도 안부 전화가 오는데, H는 꼭 '아직 안 죽었냐?'고 묻곤 한다.

나는 우리 집이야말로 계절을 제대로 실감할 수 있는 곳이라고 생각한다. I씨는 집 구석구석이 온통 틈새 천지라고 말하는데 과연 바깥 공기가 거침없이 들어와 모든 방을 지배한다. 바깥이 영하고 난로까지 꺼져 있으면 내 방도 틀림없이 영하일 테고, 북풍이 불면 방 안의 전등도 천천히 흔들린다. 해마다 겨울이 바로 앞에 와 있다고 알려 주는 것은 애기붉은쥐들이다.

우리 집의 맞은편은 신사, 남쪽은 절이고 서쪽은 먼 언덕으로 이어지는 밭이 펼쳐져 있다. 신사는 우거진 숲속에 있고 절도 도시에 사는 사람의 감각으로는 자연의 한복판에 있다고 할 수 있다. 말하자면 우리 집은 그야말로 자연에 둘러싸여 서 있는 것이다.

나의 덫사냥 스승이었던 T씨의 말대로 모든 동물은 편한 것을 좋아하는지 추워지면 우선 우리 집을 찾아오는 놈이 있다. 애기붉은쥐, 곰쥐 그리고 시궁쥐가 줄줄이 오고 거기에 들고양이도 함께 한다. '출입구는 얼마든지 있다'라고 말한 건 역시 H다. 그리고 먹을 것도 얼마든지 있다. 가을이 끝날 무렵 우리 집은 입원 환자들을 위한 말 그대로 식량 창고니까.

언젠가 천장을 긁어 대는 소리가 났다. 판자를 갉는 소리다. 내 작업대 바로 위에서 소리가 나 처음에는 일손을 멈추지 않고 가끔씩 쳐다보기만 했다. 20분도 안 되서 작은 나무 부스러기가 떨어지기 시작했다. 곧이어 천장에 작은 구멍이 났고, 그곳에 곰쥐란 놈이 코끝을 내밀었다. 마치 내 존재를 냄새로 알아내려는 것 같았다. 그러다가 그 코끝이 사라지는가 싶더니 곧바로 멋진 앞니를 쑥 내밀고는 '오도독 오도독' 다시 천장을 갉기 시작했다. 시끄럽기가 한결 더 심하다. 나는 "요 녀석!" 하고 혼내는 대신에 옆에 있던 벌레 퇴

창공을 가로질러 남하하는 큰고니 한 무리.

우리 집을 시끄럽게 만드는 무산쇠족제비는 사냥 솜씨가 제법이다.

치용 스프레이를 앞니에 대고 한방 쐈다. 아프리카 여행 때 가져갔던 스프레이다. 이렇게 하는 것을, 나는 내 아내에게서 배웠다. 스프레이 공격을 끝낸 뒤에는 구멍에 접착 테이프를 붙여야 하는데 천장 이곳저곳 테이프를 붙인 자리가 수두룩하다.

어느 해인가 무산쇠족제비가 우리 집에서 셋방살이를 하기에 사진이나 찍어 볼까 했는데 좀처럼 가만히 있지 않아서 실패를 했다. 그해에는 쥐들이 한 마리도 보이지 않았다. 또 곰쥐가 우리 집을 점령하고 있던 해, 어느 날 밤에 어딘가에서 침입한 고양이가 천장을 종횡으로 달리는 바람에 우리 가족을 밤새 잠 못 들게 했다. 하지만 그 소란 통에 곰쥐도 격퇴되고 또 다른 쥐들도 나타나지 못했다. 한동안 잘 됐다고 좋아했지만 문득 큰 고양이가 마음대로 드나들 수 있는 구멍이 어딘가에 뚫려 있다고 생각하니 지진 걱정을 안 할 수가 없었다.

바깥 기온이 뚝 떨어진 밤에 큰고니가 상공을 지나가고 있었다. 늦가을, 근처의 도후쓰호에서 쉬던 2천 마리가 넘는 고니 군단의 마지막 소대가 남하하는 것 같다. 11월 중순이 지나면서 호수는 본격적으로 얼기 시작하고, 매일 밤 고니들이 떠나는 소리가 들렸다. 물오리와 고방오리 그리고 큰기러기 떼도 끼어 있는 걸로 봐서 우리 집의 상공이 남쪽으로 날아가는 경로에 속하는 모양이다. 그날 낮에 확인 차 도후쓰호에 갔더니 관광객 가까이에서 서성이는 몇 마리 외에 30마리 정도의 큰고니 소대만 개천처럼 좁아진 호수 가운데에서 쉬고 있을 뿐이었다. 어젯밤에 시끄럽게 지나간 고니들이 바로 그놈들 같았다.

다음 날 아침, 옆집 아주머니에게 "어젯밤은 시끄러웠죠?" 했더니 "어머나, 그랬어요? 저희 집에서는 몰랐는데요" 한다. 20년쯤 전이라면 으레 그런 인사가 서로 통했는데 요즘 와서는 안 통한다. 다른 집들이 모두 방한과 방음이 잘 되는 밀폐된 집으로 바뀌면서 시각적인 면은 제외하고 바깥 세상과 완전히 차단된 상태가 되어 버렸다. 근대 문명은 입으로는 '자연과 친하게 살자'고 떠들지만 실제로는 사람들의 생활에 자연이 가까이 오지 못하게 만드는 시스템 기술을 확립하는 데 바쁜 것 같다. 자연은 점점 우리에게서 멀어져 가고 있다. 그런 말을 하면 H는 "새소리까지 잘 들리는 누더기 같은 집에 사는 사람은 아마 당신뿐일 거야"라며 내 말을 받는다. 그래도 답답한지 "자연과 친하게 산다? 그런 생각은 후진국에 사는 사람들의 억지야, 억지!" 하며 머리를 내젓는다. 이럴 때면 나는 '누더기 집, 그래도 살만한데…' 하고 반쯤 자조 섞인 어투로 중얼거린다.

11월은 이 지방의 모든 호수와 늪들을 꽁꽁 얼어붙게 만들며 막을 내린다.

12월
큰곰은 동면 중,
이 고장 사람들은 반동면 중

네유키根雪가 되었다. 네유키의 사전적 의미는 '눈이 녹기 전에 계속 쌓여서 봄까지 남아 있는 눈'이다. 사실 네유키의 정의에 대해 깊이 생각해 본 적은 없다.

"네유키가 됐네요."

"이젠 네유키군요."

이런 인사가 사람들 사이에 오가는 걸 듣고 '아, 올해도 네유키의 계절이 됐군'이라고 짐작하는 정도지, '오늘 네유키가 됐다'라고 적은 메모도 없다. 그런데도 네유키가 되는 것이 일렀던 해와 늦었던 해를 기억하고 있으니 재미있다.

어느 해인가 너무 일찍 네유키가 돼서 농부들이 골탕을 먹은 일이 있었다. 홋카이도 동부는 일본에서도 손꼽히는 밭농사 지대로 총생산량에서나 단위 면적당 생산량 모두 일본에서 1, 2위를 다투는 곳이다. 그 때문에 집약경작이 급속도로 증가하면서 토지의 생산력 저하가 문제화된 지 오래다. 그래서 감자, 밀, 서양순무를 해마다 돌려가며 농사짓던 것에 종류를 하나 더 추가하기로 한 것이 콩이다. 그로 인해 보조금도 받았고 적어도 수년 안에 전 농가가 그렇게 하기로 합의했다.

　그러던 어느 해 수확기에 눈이 일찍 내렸다. 그런 일은 흔히 있는 일이기 때문에 아무도 수확을 서두르지 않았다. 그런데 눈이 녹기도 전에 다음 눈이 내렸고 다시 며칠 후에 또 눈이 쌓였다. 기상대에서는 밑에 깔린 눈이 30일 이상 녹지 않으면 네유키라고 정의하는데, 일찍 네유키가 된 것이다. 그 결과 그해의 수확량은 제로였다. 쌓인 눈 때문에 콤바인이 밭에 들어갈 수 없었던 것이다. 석유와 기계가 농사의 주역인 홋카이도에서는 당연한 결과였다. 1953년에는 11월 6일에 첫 네유키가 됐다는 기록도 있었으니 모두 방심한 셈이다. 사람들은 농사와 자연의 관계 그리고 자연의 존재에 대해 다시 한 번 되새겼다.

　그 반대인 해도 있었다. 징글벨도 제야의 종소리도 검게 얼어붙은 대지 위에서 울려 퍼졌다. 그해 첫눈은 일렀지만 뜻밖에 비가 내려 순식간에 모두 땅 위에서 사라지고 말았다. 대륙 쪽에서 찬바람이 몇 차례 불어 왔지만 눈은 다시 내리지 않았다. 네유키의 평년 기록인 11월 30일에도 아무 일 없이 지나고 모두들 올해는 눈이 늦다는 인사를 주고받으며 새해를 맞이했다.

　그해 눈토끼에 관한 정보가 많이 들어왔다. 예년 같으면 눈 위에 난 발자국으로 그해 토끼의 수효에 대해 얘기하고 했지만 그해는 달랐다. 원생화원을 가로지르는 직선 도로에서 차를 달리며 토끼와 경주를 했다느니, 우리 집 창 밑을 지나는 토끼를 방금 봤다느니, 여우에게 쫓겨 토끼가 죽을힘을 다해 도망쳤다는 등 직접 눈으로 확인한 보고들이 많았다. 그중에는 토끼가 면사무소 앞의 잔디를 먹고 있다는 놀랄 만한 정보도 있었다. 짓궂은 자연의 장난으로

자연의 장난으로 눈이 늦어지면 흰색 겨울옷을 입은 토끼는 난처하다.

겨울을 나기 위한 눈토끼의 위장용 흰 털이 오히려 사람과 천적의 눈길을 끌었던 것이다.

다음은 우리 집에 입원했던 눈토끼에 관한 기록인데, 눈토끼는 10월에 눈과 같은 하얀색의 겨울털로 갈아입기 시작한다. 맨 처음에 귀, 다리, 배 부분부터 흰털이 난다. 구체적으로는 모두 그 밑부분, 즉 다리면 발바닥, 귀의 뒷부분, 배처럼 위에서 보이지 않는 부분부터 하얘진다. 그러다가 마침내 머리와 등까지 희고 긴 겨울털로 덮인다. 생각할수록 오묘한 하늘의 조화다.

눈토끼의 여름털은 흑갈색으로 흙색에 가깝다. 가을이면 대지를 덮고 있던 많은 식물이 마르거나 잎을 떨군다. 마른 풀들은 급속히 색소를 잃는다. 풀은 처음에는 녹색에서 갈색으로 그리고 황색을 거쳐 백색의 순서로 변해 흑갈색 대지 위에서 눈토끼를 식별하기란 여간 어려운 일이 아니다. 천적인 여우, 매와 수리들의 입장에서는 마치 색맹이라도 된 기분일 것이다. 눈토끼의 털은 천적을 헷갈리게 하는 위장복인 셈이다. 특히 흑갈색 대지 위에 달라붙어 있는 마른 풀은 정말 눈토끼의 등에 나타나는 희끗희끗한 털처럼 보인다. 토끼에게 있어 그 이상 절묘한 보호색이 또 어디 있을까.

이윽고 대지는 눈 세계가 된다. 이 고장에서 첫눈이 내리는 시기는 평균 10월 29일이다. 그때쯤에는 거의 모든 눈토끼의 털이 순백색에 가까워진다. 눈토끼에게는 눈 역시 하늘이 내려 준 생명 보존을 위한 선물이다. 그런데 그해 눈이 한 달도 넘게 늦어지다가 1월 2일에 그동안 내리지 않은 분량을 회복하려는 듯 무섭게 퍼부었다. 눈이 오기 전까지 거의 한 달 동안을 흰색 위장복 차림이었던 토끼들은 '날 잡아 잡수' 하며 떠들고 다닌 꼴이 되었다.

자연은 가끔 장난을 친다. 그런데 작은 장난조차도 거기에 사는 생명에게는 치명타가 되기도 한다.

• • •

올해는 시간을 내서 지인들에게 연하장을 보낼 수 있었을 만큼 우리 집 환자 동물의 사망 사건이 적었다. 친구 K는 우리 집에 늘 죽음이 상주한다고 말한다. 그는 수의사지만 임상의가 아닌 대학 교수다. 그래서인지 멀찍이서 우리 집을 관찰하며 가끔 진상을 꿰뚫는 명언을 내뱉는다.

죽음이 가까워 오고 있다는 것을 느끼는 생물은 야성을 포기한다. 자기를 지키기 위한 공격성을 접고, 자기 몸에 닥친 어떤 운명도 감수하겠다는 태도를 취한다. 그래서 사람 가슴에 안겨 우리 집에 들어서는 다친 야생동물은 그저 꼼짝 않고 가만히 있을 뿐이다. 마치 저항하지 않음으로써 마지막 삶의 에너지를 아껴 두려는 것처럼 보인다. 그런 환자 동물이 우리 집 현관을 들어선다. 때로는 들어오자마자 숨을 거두는 동물도 있다. "방금 전까지 살아 있었는데…" 하며 안고 온 사람은 눈물을 글썽인다.

K가 놀러 왔을 때의 일이다. 우리 가족이 야생동물의 죽음을 슬퍼하지도 않고—K에게는 그렇게 보인 모양이다—담담하게 작업을 계속하는 광경을 보고 '죽음이 상주하는 집'이라고 생각했나 보다. 하지만 우리들은 나름대로 낙담과 허망감에 휩싸인다. 슬픈 감정에 젖는 것은 작업이 끝난 뒤다.

어느 해 '센'이라고 부르던 암여우가 다른 환자 여우의 재활 훈련

드라이브를 즐기던 붉은여우 센.

에 따라갔다가 차에 치여 죽었다. 센은 오래 전 우리 집에 실려 와 치료를 받고 상처가 다 아문 뒤에도 다른 환자 여우들의 치료와 재활 훈련을 돕던, 말하자면 우리 병원의 조수였다. 영화 〈홋카이도 여우 이야기〉의 주연배우이기도 하다. 그 센이 사고로 죽은 것이다.

그해 12월에 집안에 상을 당한 친구와 지인으로부터 새해에 찾아뵙지 못한다는 연하장을 받았다. 아직 슬픔이 가시지 않아 도저히 그럴 기분이 아니라는 절실함이 전해지는 내용이었다. 그때부터 우리도 같은 마음으로 연하장을 보내지 않기로 했다. 다음 해도 또 그 다음 해도. 그리고 지금까지.

어느 해나 우리 집에는 '죽기 위해 현관문을 두드리는 자'가 끊이지 않는다. 그야말로 '죽음이 상주하는 집'인 것이다. 그리고 죽음의 주된 원인이 대부분 사람이라는 종의 생활 방식에 있다고 알려준다.

나 한 사람 정도는 야생동물의 죽음에 입회했다는 이유로 연하장을 보내지 않아도 너그럽게 용서해 주리라고 생각하며 지내왔다. 그러나 올해는 연하장을 다시 보내는 즐거운 새해가 될 것 같다. 그래서 요즘은 입원 중인 동물들을 바라보며 이것저것 생각나는 대로 적고 있다.

・・・

송년회의 계절이다. 송년회라는 그럴듯한 명목으로 만나지만, 대부분 직장이나 동네의 정말 친한 사람들끼리의 모임이다 보니 대개 술자리가 된다. 그래도 이것이 시작되어야 정말 12월이 된 것 같다.

제일 먼저 사냥꾼 우에노 씨가 예년과 다름없이 사슴 고기를 들고 왔다. 그와 이야기하면 그해의 사슴 동향을 더 자세히 알 수 있다. 그는 사슴이 월동지로 이동하는 시기가 해마다 빨라지고 있다고 말했다. 그의 설에 의하면 우리 고장에 서식하는 일본사슴의 절반은 다른 고장, 그러니까 여기서 직선 거리로 100킬로미터나 떨어진 시베차란 곳에서 겨울을 난다는 것이다. 처음에 그 말을 들었을 때는 도저히 믿기지 않았다. 겨울에는 분명 사슴을 보기 힘들다. 하지만 그건 사슴들이 우리 고장의 국유림 어딘가에서 조용히 무리 지어 월동하기 때문이며 단지 우리들이 그 장소를 모를 뿐이라고 생각했다.

그는 내 생각을 "천만에" 하며 한마디로 부정했다. 12월이 되면 사슴은 남쪽 산맥을 넘어 구시로 지방으로 간다는 것이다. 마슈호 밑을 지나 비루와와 미나미테시카가의 경로를 따라 남하해서 시라루토로호, 도로호 그리고 곳타로 초원으로 차례차례 이동한다고 주장한다. 당시 도로호 주변은 일본사슴의 집결지로 유명했기 때문에 그의 주장은 추측에 의한 성급한 결론처럼 느껴졌다. 그래서 그가 주장하는 경로를 따라 시간이 나는 대로 차를 달렸다. 그리고 나서 그의 말이 맞을지도 모른다는 생각이 들기 시작했다. "이 시기에는 여기서, 그 주라면 아마 이쯤에서…" 하는 그의 말대로 그 시기, 그 장소에서 큰 사슴 떼를 만났기 때문이다.

그의 설은 계속된다. 대개 1개월이면 사슴의 이동이 끝나고 봄이 오면 다시 같은 경로로 돌아오는데 봄철의 이동은 3월 초순에 시작한다고 한다. 나는 몇 번인가 현지 추적을 하고 나서 그의 설을 인정하게 됐다. 북쪽 고장 수렵인의 후예이자, 유능한 생태학자를 친구로 두고 있는 셈이다.

10년 사이에 후렌호 주변의 하시리코탄이 일본사슴의 월동지로 유명해지고 있다. 언젠가 호반의 하구에 사는 낙농인 오노데라 씨가 사슴이 점점 많아지고 있다며 한번 사진이나 찍으러 오라는 편지를 보내왔다. 그는 '흙을 만드는 모임'의 회원이기도 하다. 그 후로도 여러 번 낙농인들 모임이 있으니 함께하지 않겠냐는 연락을 받고는 술도 마시고 사슴도 볼 겸 120킬로미터나 떨어진 곳에서 열리는 모임에 나갔다.

오후 3시 이후에 사슴들이 모이기 시작한다는 호반에 나가 보았더니 놀라지 않을 수 없었다. 세렝게티의 야생동물인 누 떼를 연상시키는 엄청난 수의 사슴을 보니 예전의 풍요롭던 홋카이도가 부활한 것 같았다. 그날 밤 술 맛은 꿀맛이었다. 나는 사람들에게 사슴 이야기를 쉴 새 없이 했다. 다음 날 아침 오노데라 씨가 전하길, 모였던 사람들이 사슴 이야기만 실컷 듣고 정작 소에 관한 이야기는 한 마디도 못 들었다며 불평하더란다.

오노데라 씨가 살고 있는 곳의 호수 건너편에는 하시리코탄 사주와 슈쿠니타이 사주가 나란히 놓여 있다. 북에서 남으로 뻗어 있는 가늘고 좁은 사주에 왜 일본사슴들이 모여드는 것일까? 때가 되면 학자들이 어떤 이유를 찾아내겠지만 여하튼 놀라운 일이다.

우에노 씨가 돌아간 이틀 뒤에 나는 갑자기 사슴이 보고 싶어져

바닷가의 일본사슴 무리는 홋카이도의 풍요를 말해 준다.

서 바로 길을 나섰다. 얼어붙은 니시베쓰강 위에 난 발자국을 보고 또다시 아프리카의 초원을 떠올렸다. 빙판 위에는 사슴 떼가 물을 마시기 위해 지나간 발자국이 상류까지 이어져 있었다. 일본사슴 떼는 눈이 깊은 초원을 피해 눈이 얕게 쌓인 강을 경로로 삼고 있었다. 야생동물은 고생을 싫어한다는 사냥꾼 T씨의 말을 다시 머리에 떠올렸다. 발자국으로 사슴의 수를 상상하면서 하시리코탄으로 방향을 꺾었다. 상상했던 대로, 아니 그보다 훨씬 큰 무리였다. 도중에 만난 연구자의 말로는 1,800마리까지는 자기가 직접 세었다고 하니 그 사람이 세지 못한 수까지 합하면 약 3천 마리는 되지 않을까? 이렇게 수많은 사슴이 최대 너비 1킬로미터, 길이 8킬로미터 범위 안에 있다니 놀라울 따름이다.

엄청난 수의 사슴들이 도로를 자기들 안방처럼 가로지르고, 지금은 사람이 없는 오두막집 뜰에 앉아 있다. 모래사장 위에 얹힌 배 위에서 놀고 있는 어린 사슴도 있다. 사슴들의 천국이다. 사람들은 사주의 한쪽 구석에 옹기종기 모여 조용히 살고 있다.

어쩌면 그 옛날 마쓰우라 다케시로가 이곳에 들렀던 1857년도의 모습이 바로 이렇지 않았을까? 그건 그렇고 일본사슴의 이동은 아프리카 누의 대이동과 어떤 관련이 있는 것일까. 돌아오는 길에 사키무이에 사는 구보 씨 집에 들렀다. 구보 씨는 프로 사냥꾼이다. 아마 일본에서 유일한 미국 사냥학교 출신의 프로 헌터일 것이다. 그에게 하시리코탄의 사슴 이야기를 하고는 "옛날부터 사슴들이 이곳에 모여 있었을까요?" 하고 물었더니 그럴 리 없다며 한마디로 부정했다. 그리고 얼마 있으면 그곳도 없어질 거라고 한다. 사냥꾼들의 예언은 무서울 정도로 잘 맞는다. 나는 사슴 고기 요리를 대접받으며 또다시 생각에 잠겼다.

• • •

옛날, 그래 봐야 40년도 채 안 된 일이지만 인간도 동면을 했었다. 대지는 얼어붙고 눈으로 뒤덮인다. 나뭇잎도 거의 다 떨어지고 가지에 매달려 있어도 잎의 본래 기능인 광합성은 하지 못하니 개점휴업인 셈이다. 그렇다면 생물의 우두머리인 인간이 뭣 때문에 애써 일해야 하는가. 설마 이렇게 생각하지는 않았겠지만, 이 고장 농부들은 다시 봄이 오기까지의 겨울 한 철을 다른 동물들을 흉내 내듯 반동면 상태로 시간을 보낸다.

오전 10시가 지나도록 자다가 파친코를 하고 돌아와서는 술을 마시고 다시 한잠 잔다. 아니면 몇 사람이 모여 화투를 치다가 또 술판을 벌인다. 파친코나 화투라고 해 봐야 푼돈이나 쓰는 정도고 술도 자기들이 빚은 탁주다. 이렇게 봄갈이가 시작되는 4월 중순까지 반동면에 들어간다.

12월의 망망한 벌판을 오가는 사람은 수의사와 우편집배원 그리고 빚을 채근하러 다니는 빚쟁이뿐이라는 말이 있을 정도다. 길에서 마주치면 "모두들 동면 중이지요?" 하고 서로 인사말을 주고받는다.

가을에는 식욕이 당긴다고들 한다. 더운 여름이 지나고 쾌청한 날씨 속에 음식이 더 맛있게 느껴지거나, 혹은 음식의 수확기인 가을에 식욕을 돋우는 것들이 속속 나오기 때문이라는 등 식욕을 증진시키는 갖가지 이유가 거론된다. 하지만 단순히 '식욕이 당긴다'는 설명이 가장 맞는 것 같다. 식욕이 당기는 것은 동면을 위한 본

능이기 때문이다.

우리 집의 입원 환자 중에는 치료 중인 놈도 있지만 상처가 다 나아도 그대로 눌러앉아 있는 식객도 여럿 있다. 그 식객들이 가을이면 식욕이 왕성해져서 아무리 줘도 계속 더 달라고 떼를 쓴다. 입원비를 받는 것도 아니라서 그 요구를 묵살하려 하지만 마음씨 좋기로 소문난 우리 집 아내와 딸들 때문에 그렇게 하지 못한다.

그 웬수들은—나는 이 식객들을 그렇게 부르는데—이런저런 구실로 요구의 수위를 계속 높여 간다. 그 요구를 냉정하게 뿌리치지 못하고 그만 정에 못 이기다 보면 결국 그들은, 동면하지 않는 동물이라고 학자들이 결론을 내린 동물마저도 똥보가 되고 만다. 비만형으로 바뀌는데 몸무게를 잴 때마다 뚱뚱한 놈 천지다. 그 결과 청설모는 몸을 움직이기 싫어 자고만 있고, 지나치게 뚱뚱해진 하늘다람쥐는 날지 못해 방 안을 기어 다니면서 벽을 위아래로 오르내릴 뿐이다. 너구리 '뽀꼬'는 종일 내 책상 밑에서 죽치고 앉아 눈을 감았다 떴다 하고만 있다.

한 청년이 자신이 다치면서까지 치료를 해 달라고 데려온 천연기념물인 섬올빼미를 치료한 적이 있다. 우리는 그 올빼미를 '텐짱'이라고 불렀는데 이 녀석도 가을에는 체중이 30% 이상 늘었다. 덕분에 우리 집 살림은 그만큼 더 쪼들리게 되었다. 동물을 맡기고 가는 사람에게는 미안한 말이지만 우리 집은 동물원도 아니요, 어떤 연구소도 아닌 그저 동물들의 긴급 피난을 위한 '진료소'일 뿐이다. 소장인 나의 바람은 환자들이 치료받고 나서 혼자 움직일 수 있게 되면 곧바로 퇴원하는 것이다. 즉, 우리 집을 나가 주는 일이다.

너무 먹어서 한동안 날지 못했던 섬올빼미.

하지만 퇴원한 다음 날부터 자기 힘으로 먹고 살아가지 못한다면 그 동물의 긴급 피난을 받아들인 의미가 없다. 그래서 올빼미 텐짱이 입원하는 동안 살아 있는 생선을 줄 수밖에 없었다. 펄떡거리는 살아 있는 물고기의 값은 12월에는 눈알이 튀어나올 만큼 비싸다. 우리 집에 오는 사람들은 "정말 바보짓을 하고 계시군요" 하고 말하지만 자연 속에서 죽은 고기는 헤엄치지 않는다. 그리고 텐짱이 죽은 고기를 먹지 않으니 별 도리가 없었다.

나는 오로지 잘 먹어서 체력을 회복했으면 하는 바람이었다. 때로는 텐짱이 먹다 남긴 생선 찌꺼기가 우리 집 식탁에 오르기도 했다. 정말 꼴이 말이 아니었다. 그럼에도 불구하고 다 나은 텐짱을 인수해 간, 연구자를 자칭하는 사람에게 감사하다는 말 대신 욕만 먹었다. 이런 게 '진료소'의 어쩔 수 없는 숙명인가 보다.

어쨌든 가을은 겨울을 위해서 식욕이 왕성한 한때를 제공하고 생물은 그에 순응한다. 그렇다면 사람이라는 종도 생물인 이상, 겨울에는 역시 다소나마 동면 비슷한 생활 방식이 필요하지 않을까. 자연의 섭리에 등을 돌린 현대인이 계속 자가중독에 빠지는 건 바로 그런 이유 때문이 아닐는지. 아직 우리 기억 속에 과거의 모습이 남아 있는 지금이 마지막 기회일지도 모른다.

12월에 들어서면 먹이대를 찾아오는 청설모가 동이 트기 바로 전 오전 8시쯤에 돌아간다. 뒤를 밟아 봤더니 곧바로 자기 집으로 향한다. 조사해 보니 기상 시간은 여름과 같은데 취침 시간은 오전 9시로 정해져 있었다. 여름에는 오후 7시에 잔다. 청설모의 겨울나기는 '일찍 일어나고 일찍 자기'다. 청설모는 꼬박꼬박 해가 지고 30분 뒤에 일어났는데 오줌과 똥만 누고 곧장 집으로 돌아가거나,

30분만에 먹이를 모으고 다시 잠자리에 든다. 여름에는 먹이를 주워 먹는 시간이 5시간인데 비하면 10분의 1도 안 되는 시간이다.

너구리, 이놈에 대해서는 나의 추측이지만 너구리집 주변에 나 있는 발자국으로 봐서는 생리적인 용무만 마치면 곧장 잠자리에 들어가는 것 같다. 역시 우리 집 식객인 너구리는 눈발이 치는 바깥 우리 속에서 겨울을 나고 있는데, 일주일이나 그 속에서 밖으로 나오지 않아 우리 집 식구들의 마음을 애태웠다. 이것도 동면으로 봐야 할 것 같다. 전형적인 동면 동물인 큰곰과 다람쥐는 한 번도 자기 굴 밖으로 나오는 것을 보지 못했다.

아무튼 모두들 에너지를 최대한 아끼는 생활을 한다. 그들에게는 인간들이 떠들어 대는 지구의 미래에 대한 책임이 없다. 동면이라는 삶의 방식을 잊어버린 인간이 책임져야 할 일이다. 어느새 농촌도 도시화되었다. 오로지 쾌적한 생활의 탐구에만 골몰하는 문명인 집단이 마치 괴물처럼 보인다. 낮 시간이 훨씬 줄어든 12월이 되면 보는 시간보다 생각하는 시간이 더 많아지는 것 같다.

• • •

12월에 들어서면 태양은 언제나 남쪽 산줄기를 따라 바싹 붙어서 동에서 서로 꾸물꾸물 이동한다. 그러면 항상 햇살이 비스듬히 비치기 때문에 인간을 포함한 모든 생물이 긴 그림자를 드리우고 생활하게 된다. 대낮에 길게 그려진 내 그림자를 보고 '어, 내 키가 이렇게 컸던가?' 하며 걸음을 멈추기도 한다. 덕분에 12월과 1월에 찍은 사진은 내 실력과는 상관없이 부드럽고 따뜻한 빛 때문에 볼 만한 사진이 되기도 한다.

몸무게가 60%나 늘어난 너구리.

해 질 녘에 한가로이 사냥터를 돌아보는 흰꼬리수리.

11월 중순에는 오후 4시쯤 해가 지다가 12월에는 오후 3시 45분이면 일몰이라니, 역시 이곳이 북쪽 끝이라는 걸 새삼 느끼게 된다. 참고로 말하면 일출은 오전 6시 50분쯤으로 태양이 사라진 밤이 약 15시간, 반대로 낮이 약 9시간이다. 그래서 12월은 해의 고마움을 느끼는 달이다.

　동지가 가까워지면 낮 시간이 하루에 약 1분씩밖에 줄지 않는데도 기온은 뚝뚝 떨어진다. 최고기온과 최저기온을 보고 있으면 야생동물이 아니라도 동면의 유혹을 받는다. 최고기온이 0도 이상 오르지 않는 날이 1월에 압도적으로 많지만 그 추위가 뼈에 사무치는 것은 오히려 12월이다. 동짓날이 가까워져 매일 1분씩 해가 짧아지면 왠지 신체적으로나 정신적으로 불안하기 때문일까. 몸 안에 남아 있는 야성이 그렇게 느끼게 만드는지도 모른다.

　혹한이 나흘이나 계속되던 날, 먹이대에 모여든 북방쇠박새와 박새의 몸뚱이가 눈에 띄게 통통해진 것을 알 수 있다. 그러고 보니 하루 두 번 창밖의 고로쇠나무 가지에 앉아 내 책상을 바라보는 오목눈이도 몸이 꽤 통통해졌다. 그 모습이 마치 오뚝이처럼 생겨서 나도 모르게 웃고 말았다. 오목눈이를 이 고장에서는 '오뚝이'라고 부르는데, 누가 이런 별명을 지었는지 모르지만 옛사람들의 자연을 보는 눈이 놀랍다.

　동짓날에 얀베쓰강에 나갔다. 강의 개수 공사로 전에 있던 삼각주가 없어져서 그런지 하구가 북쪽의 오호츠크해로 시원하게 뚫려 있었다. 덕분에 강가에서 저녁 해가 강 바로 위로 떨어지는 것을 볼 수 있었다. 그때 흰꼬리수리 한 마리가 눈에 띄었다. 거의 얼어붙는 일이 없는 이 강은 물새들이 자주 찾는 쉼터다. 그래서 흰꼬리수리에게 좋은 사냥터가 된다. 저녁 해가 그 빛을 거의 거둘 때쯤 큰고니 떼가 소리를 지르며 하늘에서 내려 앉았다. 오늘은 여기를 잠자리로 삼을 모양이다. 아마 도후쓰호는 오늘밤 안에 온통 얼어붙을 것이다.

· · · ·

요즘은 머릿속에 온통 새끼 큰곰들 생각뿐이다.

지난 2003년에 봄부터 늦가을까지 환경부의 자연보호 담당관인 도오야마 씨의 배려로, 새끼를 데리고 있는 큰곰 암컷을 시레토코에서 반년 정도 관찰할 수 있었다. 새끼는 두 마리로 모두 두 살배기였다. 시간만 나면 아침 7시부터 해지기 전까지 온종일 큰곰 모자를 쫓아다녔다. 길이라고는 차가 다닐 수 없는 숲길 하나뿐. 도오야마 씨는 시레토코 지역은 험하니 곁길로는 절대 빠지지 말라고 신신당부했다.

그런데 큰곰 모자는 내가 관찰하기 편하게 하려고 작심한 듯이 보이는 범위를 벗어나지 않았다. 가끔 큰길에서 벗어나 숲속으로 모습을 감췄을 때는 아예 한가하게 그 자리에서 기다리고 있으면 5시간 정도 있다가 '기다렸어요?' 하듯이 다시 모습을 나타내곤 했다. 그래서 관찰하던 반년 동안에 보지 못한 날은 불과 3일밖에 없었다.

이렇게 해서 큰곰의 생태에 대해서 많이 알게 되었다. 큰곰은 무거운 것을 아무렇지도 않게 잘 들어 올리는 것 같다. 강물에 떠내려오는 큰 통나무 따위는 번쩍 들어 올리고, '보호구역, 입산금지'

라고 적힌 커다란 푯말에 기대 등을 긁고는 쑥 뽑아 던지는 것을 보고 배꼽을 쥔 적도 있다. 그런가 하면 새끼를 위해 계속 연어를 잡아서 던져 주고는, 먹는 데 정신이 없는 새끼들 곁에서 눈을 지그시 뜨고 잔잔하게 웃는 모습은 사람과 다를 바가 없다. 또 먹이를 찾아 하루 종일 걷다가 새끼가 지쳐 걷지 않으면, 할 수 없다는 듯이 그 자리에 주저앉아서 젖꼭지를 물리기도 했다.

곰에 대해서는 옛날부터 인간과 비슷한 행동을 한다는 전설이 많은데 그 이야기가 창작만이 아니라는 것을 알게 됐다. 특히 번식에 대해서는 전설 같은 일들이 눈앞에서 자주 벌어졌다. 이 큰곰 모자의 경우에는 5월 하순에 새끼를 떼고, 6월에 발정과 교미가 이뤄질 거라고 예측했다. 그래서 보기 어려운 과정을 놓칠세라 5월부터 7월까지는 다른 일을 제쳐 놓기로 마음먹었다. 그런데 5월이 지나고 6월이 가도 새끼는 여전히 어미 곰을 따라다녔다.

연구 논문에 의하면 새끼를 떼고 난 직후에 암컷의 암내가 일고 교미가 이루어진다고 했다. 그런데 모자 곰은 6월이나 7월이나 행동에 어떤 변화도 없었다. 여전히 새끼 곰은 졸졸 따라다녔고 어미 곰도 떼어 놓으려고 하지 않았다. 이대로라면 겨울을 모자 셋이서 나게 되는 셈이다.

그러던 7월 20일, 큰곰이 길 위에 오줌 눈 자리가 눈에 띄었다. 곰은 덩치가 커서 오줌 양도 많다. 그런데 오줌을 제대로 눈 것이 아니라 찔끔찔끔 흘린 자리였다. 여우의 발정기에 그런 것을 본 기억이 나서 나는 기대에 부풀었다.

7월 22일, 아닌 게 아니라 어미 곰의 회음부가 붉어 보였다. 쌍안경으로 봤더니 생식기가 붓고 질이 바깥쪽으로 벌어져 있었다. 그

걷다가 지친 어미 곰과 새끼 곰이 낮잠을 자고 있다.

런데 그날도 두 번이나 새끼 곰에게 젖을 물리고 있었다. '젖을 먹이는 시기에는 암내가 나지 않는다'고 한 것 역시 연구 논문이었다. 그럼 이 어미 곰은 예외인가? 연구 논문에 대해 이 암곰은 새끼도 떼지 않고 수유 중에 암내까지 풍기며 '난 예외입니다'라고 주장하고 있었다. 생물계는 언제나 예외를 준비한다고, 나는 늘 그렇게 믿어 왔기 때문에 별로 놀라지는 않았다.

7월 28일, 며칠 전부터 같은 관찰 구역에서 조사를 하고 있던 이 방면의 연구가 M여사를 만났다. 그녀는 지난밤에 근처 강변에서 큰 수곰을 봤다고 했다. 그러면서 지금까지 새끼도 떼지 않고 교미도 없다니 참 별일이라며 "이상한 일이에요" 하며 돌아갔다.

결국 7월 30일까지 이 상태가 계속 됐다. 그러나 어미 곰의 생식기는 의심할 여지없이 달라지고 있었다. 그날이 가까워 오고 있었다. 수의학에서는 '질탈증상'이라고 부르는 바로 그 상태였다.

내가 다시 시레토코에 간 것은 8월 3일이었다. 그동안 꼭 해야 할 일이 있었기 때문이다. 그런데 예전의 그 어미 곰은 온데간데없고 다만 어미에게서 떨어진 두 마리의 형제 새끼 곰이 한 마리의 낯선 새끼 곰과 어울려 돌아다니는 모습을 숲길이 폐쇄되는 날까지 볼 수 있었다.

큰곰은 좀 믿기 어려운 일이지만 동면 중에 새끼를 낳는다. 그야말로 졸다가 낳는 것이다. '작게 나아서 크게 키운다'는 말처럼 400~500그램밖에 안 되는 시궁쥐만 한 새끼를 낳는다. 그러나 생후 3개월이면 그 10배인 4~5킬로그램이 된다. 그런데 큰곰이 보통 6월에 교미를 하니까 임신 기간 약 7개월째가 되는 태아의 크기가

쥐 정도라는 게 납득이 안 간다. 어미의 체중으로 봐서도 10배 이상 커야 앞뒤가 맞지 않을까?

　여기서 큰곰은 놀라운 수법을 사용한다. 이들은 수정란의 착상을 늦추는 방법으로 태아의 발육을 지연시킨다. 착상되지 않으면 수정란이 어미로부터 영양을 공급받지 못해 수정란이 크지 않는 것이다. 때가 돼서 분만할 시기가 다가오면 '이제 슬슬 키워 볼까' 하는 신호를 받은 자궁벽이 그때까지 그대로 놔뒀던 수정란을 살짝 잡아 착상시킨다. 이런 식으로 작은 새끼를 낳을 수 있는 것이다.

　정말 기이한 일로 많은 연구가가 '왜?'라는 물음에 도전했다. 여러 설이 등장했고 가장 그럴 듯한 다음 설이 정설이 되었다. 우선 거대한 몸뚱이를 가지고 이 추운 고장에서 겨울을 나기는 쉽지 않다. 그래서 몸에 지방을 축적하고 그래도 충분치 않아 겨울에 자는 것으로 에너지 소모를 최소화한다. 이것이 바로 동면이다. 겨울에는 어느 동물이나 활동이 둔해지는데, 그만큼 다른 생물로부터의 공격이 줄고 안전성이 높아진다. 그렇다면 가장 신경 쓰이는 새끼 키우기의 첫 시기를 이때로 맞추면 제일 좋지 않을까.

　그런데 그 시기는 동면 기간이기도 하다. 게다가 꾸벅꾸벅 졸면서 새끼를 키우려면 되도록 새끼가 작아야 좋다. 작으면 어미 곰의 에너지 소모도 그만큼 줄어들 테니까. 작게 낳으려면 교미는 늦출수록 좋은데 동면 직전이 바람직하다. 그런데 그 시기는 동면을 위해 지방을 축적하는 때와 겹친다. 그래서 그 해결책으로 번식을 위한 여러 의식은 비교적 한가한 초여름에 치른다. 거기까지는 좋은데 수정란이 어미의 자궁 속에서 쑥쑥 자라면 '작게 낳아 크게 키운다'는 방침은 헛일이 되고 만다. 이 모순을 어떻게든 해결하기 위해 수정란을 살아 있는 상태로 자궁 속에 보관했다가 적당한 때에 착상시켜 키우는 묘수, 즉 착상 지연의 시스템이 확립된 것이다. 이상이 저 거대한 자궁 안에서 연출되는 드라마의 줄거리다.

그 암곰도 아마 이때쯤이면 동면하는 굴에서 새끼를 낳고 있겠지. 몇 마리일까? 그리고 성별은? 털 색깔도 궁금하다. 동지가 지나고 나도 반동면 상태에서 새끼 곰들에 대해 이것저것 생각하다가 섣달 그믐날 밤을 맞았다.

1월
새해도 우글거리는
식객과 함께

 1월 1일 올해 첫날은 날씨가 맑았다. 가까운 호반에서 첫 해돋이를 보았다. 영하 12도의 날씨에 호수는 몇몇 군데를 빼고는 모두 얼어붙었고, 그 좁은 수면에서 300마리는 되어 보이는 큰고니들이 졸고 있다.

 조용한 아침이다. 오전 6시 58분, 붉게 물든 동쪽 하늘 한쪽이 갈라지면서 햇빛이 빛기둥을 이루며 눈부시게 내리비친다. '꾸꾸꾸' 고니 우는 소리에 가까이 있던 흰꼬리수리가 '각각각' 박자를 맞춘다. 어디서 소리가 나는지 둘러봤더니 바로 옆에 있는 마른 나뭇가지에 앉아서 호수면 먼 곳을 향해 울고 있었다. 머리가 붉게 보이는 것이 아침 해 때문이라는 것을 한참 뒤에야 알았다.

 "꾸꾸꾸."

 다시 고니의 소리가 들렸는데 어느 놈이 울었는지 분간이 안 된다. 모두들 고개를 수그리고 있다.

 "꾸꾸꾸."

 어딘가에서 우는 놈이 있다. 기둥 같은 아침 햇살이 한순간 흔들리다가 천천히 퍼져 나간다. 얼지 않은 호수면 위로 물안개가 피어오르고 아침 해가 비쳐 호수는 온통 불바다가 되어 있다. 불바다

새해 아침, 물안개 속에서 깃털을 손질하는 큰고니들.

속에서 고니 한 마리가 고개를 쳐들고 기지개를 켜더니 갑자기 두 날개를 퍼덕인다. 그러자 날개를 휘저은 부분의 안개만 사라져 마치 물안개가 그곳만 구멍이 뚫린 것 같다. 그 고니는 갑자기 자기가 유별난 짓을 한 것을 알아차렸는지 목을 꼬아 날갯죽지 속에 머리를 처박는다.

등 뒤에서 어부 구사카베 씨가 "새해 복 많이 받으세요" 하며 건네는 인사로 새해가 시작된 것을 실감했다. 태양은 모습을 다 드러냈고, 어느새 주위는 온통 오렌지색으로 바뀌어 있었다.

・・・

새해 기분이 아직 남아 있던 어느 날, 사냥꾼 우에노 씨가 찾아왔다. 곧 술상이 차려졌고, 눈토끼가 점점 많아지고 있다는 소식을 전해 들었다. 그 말을 듣자 엉덩이 한쪽이 살살 아파 온다.

내가 살아 있는 홋카이도의 눈토끼를 처음 본 것은 벌써 35년도 더 된 어느 1월이었다. 그 무렵 눈토끼는 마을 곳곳을 들쑤시고 돌아다녀서 농부들이 머리를 내저을 정도였다. 밤사이에 콩밭이 전멸됐다거나 팥밭을 먹어 치워서 밭주인이 결국 농사를 포기했다는 이야기 등이 심심치 않게 돌았다. 어느새 할아버지와 할머니들이 여기저기에 올가미를 놓게 되었고, 아침이면 "어제는 몇 마리나 잡았수?"라는 인사가 일상적으로 오갈 정도였다. "아이고, 가여워라" 하는 동정의 목소리는 아예 들을 수도 없었다. 오히려 별 죄책감 없이 오늘 저녁에는 토끼 고기를 먹겠다며 좋아라 했고 아이들도 입맛을 다시며 학교에서 빨리 집으로 돌아왔다. 올가미 사냥은 생활의 일부가 되었고, 나도 가끔씩 대접을 받아 맛있게 먹곤 했다.

어느 날 눈토끼 사진을 찍고 싶다고 하자 한 친구가 그날로 한 마리를 매달고 왔다. 물론 죽은 눈토끼였다. 살아 있는 눈토끼를 찍고 싶다는 내 바람을 이루어 주려고 한 사람은 우에노 씨였다. 그러나 예전에도 그를 몇 번이나 따라 나섰으나 사진 찍는 일이 만만치가 않았다. 우에노 씨는 이름 난 곰 사냥꾼으로, 살아 있는 곰 사진을 찍게 해 주겠다고 나를 여러 번 안내해 줬지만 그때마다 한 장도 찍지 못했다. 하기는 그 실패의 원인은 전적으로 나의 소심함 때문이었다. 그가 곰을 보고 "찍어요!" 할 때마다 나는 그 말을 "뛰어요!" 라는 말로 알아듣고 줄행랑을 치곤 했기 때문이다. 몇 번인가 실패한 후 그는 사진 촬영을 위한 안내를 포기했다. 하지만 사냥꾼으로서의 자존심이 강해서인지 내가 살아 있는 눈토끼를 보고 싶어 한다는 소리를 어디선가 듣고는 그해 1월에 뜬금없이 찾아와 바로 나가자고 재촉했다.

눈토끼가 달리는 모습은 독특하다. 껑충껑충 뛰다가 갑자기 '휙' 하고 뛰어오른다. 한 번에 뛰는 거리가 1미터는 예사고 3미터가 되기도 한다. 그러면 뒤쫓던 사람은 토끼의 행방을 가늠하지 못하고 그 틈에 토끼는 줄행랑을 친다. 특히 이때 초심자의 머리를 혼란스럽게 만드는 것은 토끼의 발자국이다. 갑자기 발자국이 사라지기 때문에 토끼가 유턴했다고 마음대로 판단해 버린다. 흔적을 곧이곧대로 믿고 방향을 바꾸다 보면 눈밭은 어느새 자기 발자국으로 엉망이 된다. 그러다가 결국 그 주변을 맴돌다 마는 꼴이 되는 것이다.

우에노 씨가 토끼가 달아날 때의 습성에 근거해 발자국을 보고 도망치는 방향을 알아내는 비법을 알려 줬다. 눈토끼는 뛰어오를 때 마지막 발자국을 남기는데 그 발자국에서 절대로 멀리 가지 않고 근처에 숨어 있거나 거기서 잠을 자기도 한다는 것이다. 그것을 찾아내서 사진을 찍자는 것이 그의 작전이었다. 그러나 그것이 그렇게 쉬운 일만은 아니었다. 그는 내가 자꾸 토끼를 놓치는 것을 보고는 찾는 것이 서툴다고 한마디 했다. 토끼를 계속 놓치다 보니 나도 완전히 풀이 죽어 버렸다. 토끼가 남긴 발자국을 쫓아 수백 미터를 헤맸으니 그럴 만도 하다.

일몰이 가까워 올 무렵, 수 미터를 앞서 가던 우에노 씨가 발을 멈추고 뒤돌아보며 나에게 오라는 손짓을 했다. 조용히 다가서니 그가 2미터쯤 앞을 손가락으로 가리켰다. 한 발짝 한 발짝 발을 옮긴다. 그래도 찾지 못하고 뒤돌아보니 우에노 씨가 초조한 표정을 짓고 있다. 그리고 손가락에 힘을 주어 내 앞을 다시 가리킨다. 그 손가락 끝이 내 발 바로 밑을 가리키고 있었다. 한동안 어리둥절해 있던 그때, 내 궁둥이를 뭔가가 냅다 찼다. 범인은 숨을 죽이고서 숨어 있던 눈토끼였다.

"으악!"

내 입에서는 비명이 터졌고 눈토끼는 저만치 도망가고 있었다. 우에노 씨는 그날 이후, 큰곰이든 눈토끼든 사진 찍자는 말을 하지 않았다. 그리고 웬일인지 눈토끼의 수도 급격하게 줄어드는 것 같았다.

그날 밤, 둘은 곤드레만드레 취했다. 그런데 술자리에서 그때의 사진 촬영에 대해서는 한마디도 꺼내지 않았다. 그가 자리에서 일어나면서 "눈토끼 수가 늘고 있어"라고 하자, 나는 "그럼 좋지" 하며 나도 모르게 궁둥이를 쓸어내렸다.

. . .

곤란하게도 우리 집의 식객은 해가 바뀌어도 줄어들 줄 모른다. 그래서 집 안팎에 여전히 식객이 들끓는 가운데 새해를 맞이했다. 집 안에서는 만성 천식 환자인 붉은여우가 책상 바로 뒤에서 내가 좀 피곤해서 몸을 흔들면 삐걱거리는 의자 소리에 맞춰 '우 우' 하고 불평을 하고 있다. 그녀는 내 기술 덕분에 대수술을 무사히 마치고 이렇게 살아 있다는 사실을 전혀 인정하려 들지 않는다. 지금도 그때의 아픔에 대해 이러쿵저러쿵 트집을 잡는다. 그러나 나는 이 숙녀를 차마 냉대할 수가 없다. 그녀는 뒷다리를 둘 다 잃었고 자연으로는 돌아갈 수 없는 불구자인 것이다.

옆방에서는 청설모가 왜 외출을 시켜 주지 않느냐며 불평이다. 그 옆 우리에는 하늘다람쥐, 또 그 옆에는 앞을 못 보는 다람쥐…. 이들은 모두 붉은여우처럼 내가 목숨을 살려 주고 잠자리를 제공하고 공짜로 먹여 주는 데도 '뭐, 그까짓 것!' 하며 고맙다는 생각은 털끝만큼도 없는 것 같다. 내가 다가가면 다들 자기 집으로 숨어 버리니 야속할 따름이다.

주변 사람들은 우리 집 근처의 숲에는 야생동물이 우글거린다고 말한다. 온갖 먹이가 우리 집 주변에 마련되어 있으니 그럴 수밖에 없다. 퇴원한 환자들이 미처 자기 힘으로 먹이를 구할 수 없을 때를 위한 것이다. 그런데 올해는 특히 먹이 문제로 시끄럽다. 지난 봄, 3년이나 우리 집에 입원해 있던 참새 한 마리가 무사히 퇴원을

식객들로 넘치는 우리 집에 먹이를 보고 찾아오는 직박구리.

했다. 그래서 참새 전용 먹이대를 따로 설치해 주었다.

그런데 웬걸! 퇴원 환자는 분명 한 마리인데 그 먹이대는 언제 봐도 여러 마리의 참새가 들락거린다. 문제는 우리 집 환자였던 참새와 그렇지 않은 참새의 구별이 안 된다는 점이다. 가짜 환자들은 짹짹거리면 아내가 조와 피를 뿌려 준다는 것을 알기에 늘 시끄러울 수밖에 없다.

"짹짹 짹짹.", "재잘 재잘 재잘.", "찍찍 찍찍."

내 아내는 "저것도 내 집 참새, 이것도 맞아, 저기 것도 우리 집 환자였던 참새야…" 하며 자꾸 모이를 준다. 이러다 보니 모이를 기다리는 새들은 점점 늘어난다. 게다가 되새가 끼어들고 갈색양진이도 기웃거린다. "저놈은 가짜야" 하고 내가 가리키면 "뭐 어때요?" 하고 오히려 나를 인색하다는 눈으로 본다.

이왕 이야기가 나온 김에 말인데, 새들 모이 말고도 거의 매년 입원하는 오색딱따구리를 위한 비계, 재작년에 우리 집 환자였던 하늘다람쥐를 위한 호박씨, 10년 전 환자인 붉은여우인 '쪼메'와 4년 전의 식객인 너구리 '뽀꼬'를 위한 개 사료, 과일 등등 이렇게 먹이 품목만 손꼽아도 한이 없다. 게다가 편하게 먹고 살 수 있으니 이에 편승하는 놈이 생기는 것은 당연하다. 이래서 우리 집은 늘 식객들을 떠안고 산다. 먹이대에 우글거리는 참새 떼를 바라보며 나는 어릴 적에 외양간에서 잡아 구워 먹었던 참새 고기의 맛을 떠올리곤 한다. 얄미운 참새들에 대한 나의 반항적인 생각이다.

● ● ●

오늘은 유난히 창문으로 들어오는 햇볕이 따뜻하다. 그래서 창문을 살짝 열었더니 옆에 있던 아내가 "아직, 겨울인데…" 하며 얼굴을 찌푸린다. 그런데 역시 따뜻한 것 같다. "해가 길어진 건가?" 했더니 아내는 "그래요? 나는 잘 모르겠는데요"라고 대꾸한다. 서랍을 뒤져 새해 달력을 꺼내 보았다. 낚시를 좋아하는 친구에게 받은 것이다. 일출, 일몰, 월출, 월몰, 연간 행사 그리고 간조와 만조 시각 등이 모두 나와 있다.

오늘 일출은 6시 57분, 일몰은 16시 5분이다. 새해 첫날과 비교해서 10일이나 지났는데 일출은 겨우 1분밖에 빨라지지 않는다. 그런데 일몰은 새해 첫날이 15시 55분이었으니까 이쪽은 10분 정도 늦어진 셈이다. 일출은 별로 차이가 없지만 낮 길이는 매일 1분씩 길어지고 있다.

알아보는 김에 동짓날은 어떤지 찾아보았다. 일출이 6시 55분, 일몰이 15시 48분이다. 여기도 일출은 별로 차이가 없는 것에 비해서 일몰 시각은 큰 폭으로 달라지고 있다. 참고로 말하면 일몰 시각이 제일 이른 것은 12월 초순으로 15시 45분이다. 그런데 그 무렵 일출 시각은 6시 40분이다. 해가 제일 짧은 동지에는 낮 시간이 8시간 53분인데 오늘은 9시간 8분이다.

1초 동안에 쏟아지는 태양 에너지의 양이 동짓날과 오늘을 비교할 때 얼마나 차이가 나는지도 알아보고 싶었지만 자료가 없어서 포기했다. 어쨌든 결론은 난 셈이다. 해가 길어지고 있고, 봄은 확실히 가까워 오고 있었다. 그러고 보니 창밖에 서 있는 고로쇠나무의 겨울눈과 일본목련의 싹도 조금 커진 것 같다. 기분이 좋아졌지만 역시 겨울의 찬바람은 오래 쐴 것이 못된다. 콜록거리며 창문을 닫았다.

하늘과 땅의 온도차가 태양을 일그러뜨린다. 봄이 가까워졌다.

• • •

 방풍림의 눈 내린 길을 걸으면 눈 위에 적힌 끝없는 이야기가 들려온다.

 고로쇠나무 밑동에 다람쥐가 달려 나간 발자국이 눈에 띄었다. 그 뒤를 쫓아가 보았더니 다람쥐가 쓰러진 나무 밑에 기어 들어가 뭔가를 찾고 있다. 주변에 왕가래나무 열매의 검은 껍질이 떨어져 있는 것을 보니, 가을에 묻어 둔 것을 파내서 먹은 모양이다. 불과 10미터도 안 되는 거리 안에 왕가래나무 열매를 파낸 자리가 세 군데나 있었다. 갑자기 발자국이 없어진 것을 보면 아마도 나무 위의 자기 집으로 돌아갔을 것이다.

 조금 더 걸어가니 이번에는 먹다 남긴 버드나무의 겨울눈 부스러기가 여기저기에 흩어져 있다. 그 옆에 있는 버드나무의 밑동에 쌓인 눈이 노랗게 물들어 있다. 코를 가까이 대 보니 맡아 본 냄새다. 하늘다람쥐다. 그놈은 날다가 털썩 앉은 자리에 오줌을 갈긴다. 버드나무의 겨울눈을 돌아가며 먹어 치운 범인도 아마 이놈일 것이다. 이 꼬마 짐승이 수령 80년이 넘었을 큰 버드나무를 겨울 동안에 벌거숭이로 만들어 놓은 것을 본 적도 있다.

 한참 걷다가 쓰러진 나무들 사이로 들쥐가 만들어 놓은 길을 발견했는데, 눈 위에 난 발자국으로 보아 그들의 간선 도로인 모양이다. 바로 옆에는 큰 새가 날개를 퍼덕이며 눈을 헤쳐 놓은 자리가 보였다. 눈 위에 남은 흔적이 작은 짐승의 희생을 말해 준다. 핏자국도 드문드문 보인다. 아마 날갯짓의 주인공은 올빼미일 것이다.

 청설모의 발자국도 있다. 이번에는 오리나무 고목에 붙어 있는 말굽버섯을 먹었는지 먹은 흔적이 여기저기 남아 있다. 그 버섯을 먹었다면 아마 청설모는 암에 걸리지 않을 것이다. 언젠가 말굽버섯이 항암 효과가 있다는 말이 돌고 나서, 한동안 자작나무 숲이 버섯을 따러 온 사람들로 북적거리던 것이 생각난다. 오리나무 옆으로 대륙밭쥐가 달려간 발자국, 그 건너편에는 붉은쥐의 발자국 그리고 맞은편에는 무산쇠족제비와 흩어진 새의 깃털들…. 아마도 지금 내가 이 숲의 번화가를 헤매고 있는 모양이다. 눈 내린 방풍림은 수다쟁이다.

• • •

어느 날 무심코 뜰의 마가목을 바라보니 열매가 아직 가지에 매달려 있었다. 집을 지을 때 이 마을 농부가 뜰에 홋카이도에 어울리는 나무가 한 그루 정도 있는 것도 좋을 거라며 전나무 묘목을 심어 주었다. 다음 해 어린 전나무 옆에 이름 모를 나무 하나가 기대듯이 자라 있었다.

몇 년 지나서 그 나무가 마가목이라는 것을 알게 되었다. 그리고 주역인 전나무보다 더 크게 자랐다. 십수 년 동안이나 태양 광선을 혼자 독차지하더니 어느 해부턴가 전나무의 검푸른 잎과 가지에 밀려나기 시작했다. 그러나 마가목은 초여름이면 흰 꽃을 많이 피워 벌레들을 불러 모았다. 게다가 동박새, 쇠솔딱새, 황금새까지 모여드니 우리 가족 중에도 이 나무의 팬이 많다.

어느 해 가을부터 마가목에 빨간 열매가 맺히기 시작했다. 처음 몇 해 동안은 거의 직박구리가 먹어 치웠다. 그것도 늘 오는 몇 마

하늘다람쥐는 밤중에 눈앞을 날아다녀 사람들을 놀라게 한다.

마가목 열매를 먹는 개똥지빠귀.

리가 며칠 만에 끝장을 냈다. 그러다가 어느 해 직박구리가 먹고 남을 만큼 열매가 많이 열리자 개똥지빠귀까지 날아들었다. 철새인 개똥지빠귀는 해에 따라 찾아오는 마릿수가 달라지는데, 개똥지빠귀들도 다 먹지 못할 정도로 열매가 많이 열렸던 해가 있었다. 그러자 어느 날 아침, 황여새도 줄줄이 이곳을 찾았다. 그해부터 이 마가목은 철새의 수와 종류를 알려 주는 역할을 하고 있다.

언젠가 책을 읽다가 이런 종류의 마가목 열매에는 독이 있다는 사실을 알았다. 하지만 기온이 뚝 떨어져서 과육이 얼 정도가 되면 독이 없어진다고 한다. 그 사실을 알고 새들이 모여드는데 그때가 바로 마가목 씨가 완전히 익는 시기다. 씨를 충분히 익혀서 싹이 트는 시기를 맞추기 위해, 새들이 너무 일찍 열매를 먹지 못하게 하려는 나무의 속셈인 것 같다. 이제 마가목은 바깥 기온이 얼마나 떨어졌는지도 귀띔해 주고 있다.

• • •

입원 환자를 위해 갯버들 가지를 자르러 갔다. 오호츠크해로 흘러드는 강들 중에 강가의 숲이 온통 갯버들로 가득한 지류가 있다. 그래서 겨우내 그곳에서 환자의 식량을 마련한 지 벌써 4년이나 되었다. 한군데에서만 자르면 나무가 너무 불쌍할 수도 있겠지만, 내가 보기에 자르는 만큼 새 가지가 세 배는 확실히 늘고 있으니 괜찮을 것 같다.

이맘때면 이 지류에 바다빙어 낚시꾼들이 한창 모여들어 가끔 선물로 몇 마리 받아 오기로 한다. 얼음에 구멍을 내고 낚싯줄을 늘어뜨리는 낚시다. 바다빙어는 아름다운 물고기로, 특히 낚아 올린 직후의 비늘 색깔은 환상적이다. 고기의 비늘은 광선이 비치는 각도에 따라 갖가지 색으로 변하다가 고기가 죽으면 바로 단색으로 고정되고 만다. 마치 비늘 한 장 한 장에 혈액이 통하고 있다는 사실을 스스로 증명하려는 듯이….

사람들은 이 생선에서 오이 냄새가 난다고 하지만 코를 대고 맡아 봐도 오이 냄새보다는 비린내가 더 심한 것 같았다. 바다빙어는 낚아 올리면 몇 분 만에 죽는다. 바람이 부는 추운 날이면 1분도 버티지 못한다. 양동이나 어롱에 넣지 않고 얼음판에 그냥 놔두면 돌아갈 때쯤이면 아삭아삭 먹음직한 냉동 생선이 된다. 이것의 머리를 자르고 등뼈를 중심으로 양쪽 살을 발라 회로 먹는데, 입 안에서 살살 녹는 그 맛은 뭐라고 설명할 수 없을 정도다.

그런데 이 고장 사람들은 이 고기를 그다지 높이 평가하지 않는다. 잔뜩 모여든 사람들도 먹으려고 낚는 것이 아니고 그저 낚아 올리는 즐거움만 맛보는 것 같다. 그래서인지 낚시꾼들은 나를 보면 잘됐다는 듯이 잡은 생선을 내밀며 얼마든지 가져가라고 한다.

언젠가 친구 하나가 훈제한 바다빙어를 가지고 왔다. 맛은 좋았는데 양이 너무 많아 처치 곤란이었다. 그때 깨달았다. 사람들은 일정량 이상으로 고기가 잡히면 멈출 줄 모르고 무턱대고 잡는 데만 열을 올리고, 또 많이 잡히는 고기는 잘 먹지 않는다는 사실을.

• • •

밤의 냉기 속에서 붉은여우의 울음소리가 한층 맑게 들리는 계절이다.

예전에 책에서 여우는 '컹 컹' 운다고 배웠다. 그런데 이 고장에 살게 되면서 여우와 접할 기회가 많았지만 처음 몇 년 동안은 여우가 '컹 컹' 하고 우는 소리를 한 번도 듣지 못했다. 언제나 '끼어' 하거나 '꺼어' 하는 귀여운 모습에 어울리지 않는 싱거운 소리뿐이었다. 멋을 풍기는 소리가 아니라 뭔가를 경계하는 소리다. 일반적으로 여우라는 동물은 사람을 경계한다. 인간과 그 생활공간을 공유하기 때문에 경계하지 않을 수 없다. 그러니까 자기 집에 가까이 오는 모든 사람을 싫어하는 것도 무리가 아니다. 그래서 다가가면 '끼어 꺼어' 우짖는다.

그런데 정말 신기하게도 생물계는 가끔 예외를 보여 준다. 어느 해인가 그 예외적인 여우를 만났다. 내가 만난 암여우는 어쩐 일인지 땅굴 가까이 다가가도 그다지 심하게 경계하지 않았다. 심지어는 자기 옆에서 새끼 여우와 노는 것까지 허락해 주었다. 그해 그 여우 가족이 보여 준 하루하루가 홋카이도의 붉은여우를 연구하는 계기를 만들어 주었다.

다음 해 1월의 몹시 춥던 어느 날 밤, 나는 발정기가 얼마 남지 않은 그 암여우를 지켜보고 있었다. 짝을 찾아 돌아다니는 그녀를 뒤쫓은 것이다. 걷다가 지쳤는지 암여우는 눈 위에서 잠이 들었다. 나도 20미터쯤 떨어진 곳에 웅크리고 앉았다. 보름달처럼 밝은 달빛 아래 눈벌판은 지독히 추웠지만, 그 추위를 잊을 정도로 왠지 모를 흥분에 싸여 있었다.

바로 그때, 들려오는 '컹 컹 컹, 커–' 하는 소리. 한 번 울 때마다 암여우의 어깨가 파르르 흔들린다.

"컹, 컹, 컹, 커–."

낮고 부드러운 소리였다. 20분쯤 지났을까. 그녀는 마침내 일어

사랑 노래를 부르며 짝을 찾아 헤매는 붉은여우.

나 걷기 시작했다. 내가 깊은 눈에 발이 묶여 서로의 거리가 멀어지면 암여우는 내가 가까이 올 때까지 기다려 주는 것이 아닌가. 내가 20미터쯤까지 다가서면 그제야 여우는 다시 걷기 시작했다.

"컹 컹 컹, 컹 컹 컹."
"컹 컹 커-, 컹 컹 커-."
"컹 컹 커-."

암여우는 천천히 걸으며 울고 있었다.

마치 감미로운 선율 같은 여우의 우는 소리가 달빛 가득한 설원에 흘렀다. 그것은 여우의 사랑 노래였다. 예전에 읽은 책에 나온 대로 '컹 컹' 하고 우는 여우를 만난 것이다. 여우의 울음소리를 '사랑 노래'로 설명한 것이 마음에 든다.

밤중에 올해 여우들의 첫 사랑 노래를 들었다.

• • •

오늘 아침은 몹시 추웠다. 영하 20도는 될 것 같아서 바깥에 있는 온도계를 봤더니 영하 18도였다. 산책하다 만나는 사람마다 "이제 얼마 안 남았네요" 하는 인사를 건네 온다. 유빙이 올 때가 된 것이다. 요즘처럼 레이더나 위성에 의존한 기상 정보가 없던 시대부터 이곳 오호츠크해 연안에 사는 사람들은 다음과 같은 자연의 변화로 겨울이 오는 것을 예감한다.

'바다가 잠들기 시작했다, 수리들의 수가 늘어났다, 하구에서 못 보던 오리를 보았다, 아침마다 콧속이 얼어붙는다.'

그러다가 어느 날 아침에 부쩍 온도가 떨어진 바깥에서 앞바다

설탕 같은 얼음 알갱이를 안고 바다가 잠들기 시작한다.

를 바라보면 수평선이 하얗게 보인다. 그러면 무심결에 '역시!' 하고 중얼거리게 된다. 유빙은 매년 찾아온다. 많은 사람이 그것을 봐야만 진짜 겨울이 왔다고 생각한다. '진짜 겨울'이 오기 전의 겨울은 시기적으로 정해진 계절이자 개개인의 정보로서 존재하는 겨울이고, 유빙이 데리고 오는 겨울이야말로 진짜 겨울이다. 그래서 오호츠크해 연안에 사는 사람들은 겨울이 두 단계로 나뉘어 온다고 생각한다.

  수평선에 흰 띠처럼 보이는 유빙이 나타나기 며칠 전부터 바다가 울음을 그친다. 북쪽 바다 특유의 거친 신음소리가 잠잠해진다. 사람들은 이것을 '바다가 졸고 있다'라고 표현한다. 오후가 되면 어김없이 하늘에 수리들이 분주히 난다. 얼음덩어리인 유빙을 타고 온 수리들이 육지의 나뭇가지 위에 보금자리를 마련하려고 날아다니는 것이다. 그런 날이면 강 하구에는 검둥오리사촌이나 바다오리, 때로는 뿔쇠오리 등이 떼 지어 있기도 한다. 자꾸 밀려드는 유빙에 갇히지 않으려고 피해 오는 것이다. 그리고 유빙을 몰아붙이는 차가운 바람은 연안의 기온을 한층 떨어뜨려 숨을 들이마실 때마다 콧속의 점막이 얼어붙는다. 그러면 모두들 코를 킁킁거리며 겨울을 실감한다. 이윽고 오호츠크해를 뒤덮는 얼음덩어리들이 연안을 하룻밤 사이에 육지처럼 만든다. 해안선이 단번에 저멀리 난 바다 쪽으로 100킬로미터 밖에 그어진다. 확실히 기온이 5도는 낮아진 것을 알 수 있다. 진짜 겨울의 참모습이다.

  어젯밤 금년 겨울이 상륙했다. 1월이 끝난다.

2월
지독하게 추워도
사랑은 해야지

유빙, 동파, 세빙 공기 중의 수증기가 아주 작은 얼음 결정이 되어 떠다니는 현상, 오미와 타리 갈라진 빙판을 따라서 얼음이 솟아오르는 현상 등 온갖 혹한기의 계절 용어가 텔레비전과 신문, 인사말에 등장한다. 그런데도 2월만큼 햇볕이 따뜻하게 느껴지는 달은 없다.

입춘, 기온은 영하 8도. 바람이 불지 않는 남쪽 경사면에 쓰러진 나무에 앉아 나무 사이를 날아가는 까마귀 떼를 멀거니 보고 있으면 그대로 잠이 들 것만 같다. 볼을 어루만지는 태양 광선이 영하의 기온을 잊게 한다. 오래전에 양지바른 땅의 어느 움푹 패인 곳에서 자고 있는 너구리를 본 적이 있다. 내가 가까이 가도 모르고 있다가 손이 닿을 만한 거리에 서서 지켜보는 것을 그제야 눈치 채고 얼마나 놀랐던지 내 두 다리 사이로 빠져나갔다. 2월의 어느 따뜻한 날의 일이었다.

2월의 따뜻함은 모든 것을 낙천적으로 느끼게 만든다. 그것은 마치 11월 초 낮 길이가 하루하루 짧아지면서 다가오는 겨울의 발자국 소리를 들을 때, 준비가 안 된 몸이 느끼는 불안과는 극명한 대조를 이루는 감정이다.

'내일은 올겨울 들어 최고의 한파가 예상됩니다. 수도꼭지가 얼지 않게 미리 조심하세요'라는 일기예보가 흘러나와도 곧이어 '그러나 다음 날은…'이라는 말을 기대할 수 있다. 알아봤더니 동짓날에 비해서 낮의 길이가 벌써 1시간이나 길어졌다.

추운 날 아침에는 사진을 찍는 것도 괜찮다. 얼지 않을 것 같던 연안의 기수호 민물과 바다물이 섞인 호수들도 유빙의 기세에는 당할 도리가 없어 밤사이에 호수 입구까지 얼어 버린다. 남아 있던 큰고니들은 얼마 안 되는 수면을 찾아 하구로 모여드는데, 가끔씩 재미있는 광경을 보여 준다. 가까이 오는 여우를 놀려 주는 놈이 있는가 하면, 주둥이에 묻은 물이 자는 동안 얼어서 기다란 고드름을 늘어뜨린 놈도 있다. 때로는 온몸에 얼음 방울을 달고 있는 녀석도 등장한다.

그런 기대를 안고 날이 새기 전에 카메라를 챙겨 얀베쓰강 하구로 향했다. 현관을 나서자마자 두 볼이 젖은 천으로 한 대 얻어맞은 기분이었다. 바람은 없다. 차에 타고 온도계를 보니 영하 21도를 가리키고 있다.

'어쩐지 꽤 춥다 했지.'

하구 일대는 물안개 때문에 앞이 거의 보이지 않았다. 여기저기서 큰고니들이 우는 소리가 들린다. 모처럼 안개 속의 큰고니를 찍을 수 있을 것 같다. 해가 뜨기 전에 서둘러 카메라를 설치했다. 동트기 전 물안개 속에서 50마리 정도의 고니들이 한바탕 떠들어 댄다. 햇빛이 고니들을 돋보이게 해서 나는 10컷 정도를 기분 좋게 찍을 수 있었다. 사진 촬영이 끝나자마자 언제 시끄러웠냐는 듯이 주위가 조용해지고 고니들의 아침 무대는 끝났다. 모두 다시 아침잠에 빠져 들었다.

물안개 속에서 아침 인사를 나누는 큰고니 떼.

그런데 날이 새기 직전에 시작하는 고니들의 아침 의식에는 어떤 의미가 있는 걸까. 아무튼 그 짧은 동안에 무자맥질, 기지개, 날갯짓, 털 손질, 울어 대기 등을 일제히 해 대니 시끄럽기가 보통이 아니다. 그리고는 어느 순간 뚝 그치는 것이다. 특히 무자맥질은 덥고 땀이 날 때 해야 할 텐데 지독하게 추운 새벽에 웬 무자맥질일까? 하지만 좋아라고 물장구치는 모습을 보고 있으면 그저 기분이 좋아서 그러는 것 같다. 물안개 속에 펼쳐진 환상 같은 광경을 찍느라고 1시간이나 밖에 있었더니 집게손가락이 동상에 걸렸다. 다 낫는 데 꼬박 한 달이 걸렸다.

● ● ●

이맘때면 나는 바빠진다. 붉은여우가 발정기를 맞이하기 때문이다. 1966년부터 여우와 함께 지낸 지도 그럭저럭 40여 년이 된다.

여우를 기르면서 발정기를 알게 됐는데 그때가 되면 여우는 갑자기 식욕을 잃는다. 실제로 야생 여우를 쫓다 보면 그 기간에는 그들이 사냥에 열중하지 않는 것을 알 수 있다. 여우는 가을부터 겨울까지 여름과는 비교가 안 될 만큼 한가한 시간을 보낸다. 먼저 마음에 드는 잠자리를 찾으면 그곳을 아지트로 삼고 배가 고플 때만 사냥에 나선다. 사냥할 때도 자기가 좋아하는 몇몇 장소를 차례로 돌아다니지 않고 오늘은 여기다 싶은 곳으로 직행했다가 얼추 됐다 싶으면 곧바로 다시 아지트로 돌아온다.

한 자리에서 배를 불리지 못해도 다음 장소로 이동하지 않고 그저 돌아오는 길에 잠시 목장에 들른다. 거기서 버려진 가축의 태반이나 사체 또는 사람들이 먹다 버린 음식물을 쓰레기장에서 뒤진다. 그리고 나서 그대로 자기 아지트로 돌아온다. 이것이 가을, 겨울의 생활 패턴이다. 이 시기에는 자기의 영역을 한 바퀴 돌아보는 일도 없다. 원래의 자기 굴조차도 3일에 한 번 정도 들를 정도다.

그런데 1월 하순, 밤에 '카아' 하는 특유의 울음소리가 들리고부터 여우의 행동은 완전히 달라진다. 여기저기를 방랑하며 걷고 또 걷는다. 가끔 멈췄다가 약간 구슬픈 소리를 하늘로 토해 낸다.

"컹 컹 컹, 커."

동시에 식욕이 급속히 떨어진다. 목장에도 거의 들르지 않는다. 그리고 웬일인지 여기저기에 오줌을 자주 눈다. 오줌을 누는 자리가 보통 500미터에 한 곳이던 것이 이윽고 세 곳이 된다. 오줌을 자주 눈다기보다는 한 방울 한 방울 흔적을 남긴다는 표현이 더 맞을 것이다.

그때가 2월 초순이다. 붉은여우의 사랑의 계절이 시작되는 것이다. 그때부터 나는 모든 시간을 여우 관찰에 할애한다. 아침부터 밤까지 여우의 발자국을 쫓아다닌다. 운이 좋은 날이면 여우 뒤를 100미터 정도까지 따라잡기도 한다. 이윽고 암컷의 오줌 빛이 분홍색에서 진홍색으로 달라지면 주변에서 수컷들이 잇따라 모여들기 시작한다. 때로는 암컷 하나에 수컷 다섯 마리가 꼬일 때도 있다. 이쯤 되면 머지않아 교미가 이뤄진다.

교미를 볼 수 있을 것 같은 날에는 칠흑같이 어두운 이른 새벽에 집을 나서 짐작이 가는 장소로 곧장 간다. 사랑은 밀고 당기는 거라더니 여우도 마찬가지다. 수컷을 보고도 못 본 체하거나, 가끔 걸음을 멈추고 수컷의 주의를 끌면서 설원을 무대로 갖가지 드라마를 연출해 보인다. 관객인 나는 그 스릴을 쫓다가 열흘 동안 녹

붉은여우의 교미를 확인하면 2월의 내 작업도 끝난다.

초가 되고 만다. 그렇게 사랑의 계절은 끝이 난다. 여우들은 언제 그랬냐는 듯이 다시 전처럼 조용하고 담담한 일상으로 돌아간다. 암컷은 자기 굴로 돌아가 오로지 잠만 잔다. 수컷은 자신이 교미한 암컷에게 쏟던 정열을 완전히 잊고 '어디 다른 데에 발정한 암컷이 없나?' 하며 다시 일대를 어슬렁거리기 시작한다.

엄동설한의 이 계절, 약 한 달간에 걸친 모든 여우의 사랑 드라마가 끝난다. 그리고 암컷을 찾아 계속 방랑하던 수컷들이 굴에서 자고 있는 암컷 곁으로 돌아온다. 그러나 그 암컷이 교미한 상대인지는 분명치 않다. 53일 뒤에 별다른 일이 없는 한, 암컷은 보금자리인 땅굴 속에서 새끼를 낳고 어미로서의 즐겁고 바쁜 계절을 맞는다.

여우를 뒤쫓는 자는 모든 시간을 여우의 생활에 맞출 수밖에 없다. 그래서 나에게 2월은 말할 수 없이 바쁘고 힘든 육체노동의 달이다.

• • •

'텐짱'은 나에게 거북한 상대다. 언제부터인가 농촌에 사는 자연을 좋아하는 몇몇 사람들은 모든 천연기념물을 통틀어 '텐짱'이라고 부른다. 예를 들어 두루미는 홋카이도를 대표하는 텐짱이다. 그렇다고 여기서 두루미에 대해 쓰려는 것은 아니다.

20년 전쯤 한 청년과 다친 섬올빼미를 동시에 진찰한 적이 있다. 섬올빼미는 버젓한 천연기념물이었고, 그는 산과 자연을 정말 좋아하는 멋진 청년이었다.

그해 초여름, 그가 산길에서 움츠리고 앉아 있는 올빼미를 발견하고 가까이 갔지만 올빼미는 꼼짝하지 않았다. 다친 올빼미라는 생각에 들어 올리려고 손을 뻗친 순간 올빼미가 발톱으로 청년의 팔을 할퀸 것이다. 할퀴었다기보다는 올빼미 딴에는 도와주려고 내민 팔을 붙잡았을 뿐이다. 아무튼 깜짝 놀란 청년은 발톱을 세워 달라붙은 올빼미를 떼어 놓으려고 팔을 흔들어 댔다. 그럴수록 올빼미는 떨어지지 않으려고 더욱 발톱에 힘을 주었다. 그러다가 다른 쪽 팔을 휘두르자 이번에는 그 팔로 옮겨 붙었다. 고통 속에서 죽어라 뿌리치기를 반 시간여. 청년은 두 손과 두 팔은 물론 턱마저 피투성이가 되었고, 상대를 피투성이로 만들 만한 기력이 어디 있었는지 의심스러울만큼 쇠약한 올빼미와 그 청년을 함께 치료하게 됐다. 그 올빼미가 바로 섬올빼미로 당연히 '텐짱'이다.

누구나 아는 일이지만 천연기념물을 몰래 치료하면 정부로부터 처벌을 받는다. 하지만 어렵게 올빼미를 데려온 청년의 마음을 뿌리칠 수 없었다. 사실 올빼미와 티격태격하다가 다치는 일은 그렇게 대단한 일도 아니지만, 이 나라는 그런 걸 용납하지 않는 분위기다. 인간보다 텐짱인 섬올빼미를 더 소중하게 여기는 사람이 있다는 말이다.

그래서 나는 그 청년과 함께 몰래 처리하기로 했다. 처리한다는 말은 올빼미를 죽여 없앤다는 뜻이 아니라 남들 몰래 치료해서 회복하는 대로 자연으로 다시 돌려보내는 작전을 의미한다. 그런데 그 일은 순조롭지 않았다. 올빼미가 자연에 복귀하기까지 상당한 치료와 요양이 필요했다. 이에 관해서는 12월의 이야기에서도 잠깐 언급했다.

올빼미를 돌보는 동안 이 일을 아는 몇몇 사람에게 "그건 범죄예요"라는 말까지 들으면서도 나는 올빼미를 재활 훈련까지 시켜서 떠나보냈다. 어쨌든 그 일 때문에 애먹은 걸 생각하면 지금도 진저리가 난다. 그래서 지금도 천연기념물, 그러니까 텐짱과는 되도록 인연을 맺지 않으려 하고 있다.

친구에게 2월 초에 넘어오는 큰까마귀의 수가 늘고 있다는 전화를 받고 쓰베쓰에 있는 산속에 가 보기로 했다.

큰까마귀는 나를 홋카이도로 오게 한 생물 중의 하나다. 홋카이도의 대표적인 생태학자인 나가타 요헤이 씨의 저서 《홋카이도 동물기》에는 시레토코가 번식지라고 나와 있다. 왠지 마음이 끌려 꼭 보고 싶다는 생각에 책만 달랑 들고 시레토코를 찾았었다. 그때가 1960년 여름이었다. 덧붙이자면 《홋카이도 동물기》는 지금도 나에게 성서 같은 소중한 책이다. 그 후로도 이 새를 더 자세히 관찰하려고 사할린, 캄차카 등지로 돌아다녔다.

큰까마귀가 요 10년 사이에 전보다 더 많이 눈에 띈다는 정보가 있어 알아 봤더니 일본사슴의 증가와 관련이 있다고 한다. 사슴이 많아지면서 사냥철에 산속에서 잡은 사슴을 그대로 내팽개치고 돌아가는 천벌 받을 사냥꾼이 늘어난 것이 원인이다. 그 사슴의 사체에 까마귀가 모여든 것이다. 현장에서 그 참혹한 광경을 직접 확인할 수 있었다. 의미 없는 살생을 스포츠라고 생각하는 사람이 있는 현실을 보았다.

한편 까마귀를 보기는 했지만 큰까마귀 같기도 하고 아닌 것 같

겨우 퇴원하게 된 납 중독에 걸렸던 큰고니.

기도 했다. 식별하기도 전에 날아가 버려 큰까마귀인지 큰부리까마귀인지 확인할 길이 없었다. 대신 한 마리의 어린 참수리를 봤다. 무참히 헤쳐진 사슴의 사체를 뜯고 있었다.

그때 같이 간 친구가 그것을 보고 납 중독 이야기를 꺼냈다. 납 중독은 예나 지금이나 큰 문제로, 가축과 야생동물 중독사의 가장 큰 원인이다. 녹 방지 페인트에 들어 있는 납에 의한 사망 사례는 수없이 많다. 동물원이나 원숭이 사육장에서도 가끔 이런 사고가 일어나는데 홋카이도의 어떤 목장에서는 울타리에 칠한 도료 때문에 방목하던 젖소 50여 마리 중 절반이 죽은 일도 있었다.

사냥용 산탄총의 6호 산탄에는 수많은 작은 납 탄알이 35그램이나 채워져 있다. 한 마리를 떨어뜨리기 위해 여러 발이 사용되는데, 매년 얼마만큼의 납이 사용되는지 알아봤더니 일본에서만 300톤이 자연계에 뿌려진다고 한다.

1985년부터 홋카이도에서도 고니 같은 대형 물새가 죽은 원인을 조사하는 작업이 시작됐다. 1989년에는 미야지마라는 작은 늪에서 고니 33마리, 쇠기러기 한 마리, 1990년에는 같은 늪에서 고니 18마리, 쇠기러기 69마리의 사체가 발견됐다. 해부 결과 모두 납 중독이라는 진단이 나왔고 사회적으로 큰 문제가 되었다. 산탄에 맞아 생긴 병이 아니라 산탄을 '먹어서' 생긴 중독이라는 데에 그 문제의 심각성이 있었다. 그것은 환경오염이 심각한 수위까지 와 있다는 것을 뜻하기 때문이다.

새들은 이빨이 없기 때문에 먹이를 몸속에서 부스러뜨려 소화하기 쉽게 만들어야 한다. 그래서 발달한 것이 모래주머니다. 그러나 그 기관만으로는 부족한지 물새들은 먹은 것을 으깨어 부수기 위해서 작은 돌을 모래주머니 안에 자꾸 삼켜 넣는다. 그런데 산탄의 탄알은 크기로 보나 딱딱한 정도로 보나 그 용도에 안성맞춤이다. 그러다가 소화를 위한 보조재로써 삼킨 납 탄알이 위액에 녹아서 속으로 흡수되는 것이다.

  봄과 가을에 철새가 들러 가는 중계지인 미야지마 늪은 어찌 된 일인지 사냥 금지 구역이 아니었다. 당연히 사냥꾼들이 모이고 엄청난 양의 납 탄알을 뿌려 댔다. 새들이 그것을 작은 돌 대신 삼킨 비극이었다. 그것은 환경 속에 다량의 유해물질이 여기저기 뿌려져 있다는 것을 물새들이 죽음으로 증명한 사건이었다.

  고니나 쇠기러기의 대량 폐사 이전에도 물새들의 죽음은 얼마든지 있었을 것이다. 그러나 누구도 그 일에 주목하지 않았다. 그것은 홋카이도뿐만 아니라 전국의 사냥터에서도 똑같지 않았을까? 이름 없는 새들의 죽음에 대해서는 모두들 무관심했다. 고니와 쇠기러기에 이어서 참수리, 흰꼬리수리 같은 천연기념물로 지정된 새의 희생이 발생하면서 사태는 급변했다. 납 탄알을 맞고 죽은 일본사슴의 방치가 늘면서 그것을 먹고 중독을 일으킨 수리들의 수가 급증했기 때문이다. 고기와 함께 납 탄알을 먹은 것이다. 그래서 납 탄알을 강철 탄알로 바꾸자는 운동이 시작됐다. 그러나 그것은 아직 미미한 움직임에 불과하다. 여기까지 오는 데 그 소동이 일어난 지 20년이라는 세월이 필요한 사회가 바로 일본이다.

  나는 이래저래 '텐쨩'이 질색이다. 천연기념물은 수가 적어서 특별대우를 받을 뿐이라고 생각한 적도 있다. 그러나 납 중독 문제에 있어서 그들은 대우받을 만한 일을 했다고 생각한다. 방치된 일본

사슴을 먹은 까마귀와 솔개들도 많이 죽었을 것이다. 아니 지금도 죽고 있다. 지금도 납 탄알을 먹은 물오리와 검둥오리가 수없이 죽어가고 있다. 텐짱은 누구 하나 거들떠보지 않던 이 문제를 사람들에게 들이대고 관심을 불러일으킨 공이 크다. 덕분에 수많은 이름 없는 동물들이 목숨을 건지리라.

"텐짱, 너 제법이다!"

● ● ●

노토로곶에 나간 친구에게서 전화가 왔다. 갈색양진이가 너무 고와졌으니 보러 오라는 내용이었다. 그래서 가 보기로 했다. 노토로곶은 아바시리의 서북부에 있는 오호츠크해 쪽으로 좁고 길게 뻗은 땅이다. 예전에는 그곳 바로 밑에 있는 암초에 바다표범들이 상륙했었다. 대선배인 마쓰이 시게루 씨가 찍은 사진을 본 적이 있는데 138마리나 되는 큰 무리가 상륙한 사진이었다. 전에는 '바다표범 암초'라고 불릴 만큼 붐비던 곳이었지만 지금은 바다표범을 거의 볼 수 없다. 그러나 이곳 노토로곶은 예나 지금이나 북쪽에 사는 생물들의 목적지이자 출발지다.

거기에 매점이 하나 있는데 그 매점 주인이 여우를 기르고 있어서 가끔 근처를 지날 때 들르곤 한다. 가게의 주인아주머니는 여우를 기를 정도로 꽤 동물을 좋아해서 겨울이면 뜰에 피와 조 같은 먹이를 뿌려 줬다. 해마다 그 먹이에 갈색양진이가 모여드는데 가끔 그 속에 귀한 손님이 섞일 때도 있다.

어느 해는 긴발톱멧새가 왔고, 흰멧새가 낄 때도 있었다. 그래서 새를 좋아하는 사람들은 일부러 이 가게에 들르기도 한다. 내게 전

갈색양진이 떼는 갈색 날개가 붉게 물들면 곧 북쪽으로 떠난다.

화를 한 친구도 그중 한 사람으로 그의 '고와졌다'는 표현이 재미있어서 가 봤더니 갈색양진이가 정말 고와졌다. 갈색 날개의 가장자리나 배 부분의 작은 적자색 반점이 선명하고, 머리 뒷부분의 황갈색이 강한 명암의 대조를 이루고 있었다. 몸의 색깔이 해가 길어짐에 따라 여름새의 모습으로 바뀌어 가는 듯했다.

그러고 보니 우리 집의 먹이대에 찾아오는 양진이도 이달 들어 많이 붉어진 것 같다. 인간도 태양의 변화를 느끼는 달이다. 하물며 야생의 새들이야…. 이제 모두들 번식기를 준비하기 시작한 것 같다. 돌아오면서 초원에서 만난 한 무리의 흰멧새들도 고와 보였다. 초겨울에는 수컷도 암컷처럼 몸 전체가 연한 황갈색 깃털로 덮였던 것이 지금은 전혀 달라졌다. 수컷의 깃털이 보여 주는 흰색과 검은색의 선명한 대조가 한층 인상 깊다.

모두 봄을 간절히 기다리고 있다.

• • •

도후쓰호의 물이 바다로 흘러 나가는 어귀에 작은 마을이 있다. 마을 서쪽의 깎아지른 듯한 낭떠러지는 마을을 내려다보는 형국으로 남쪽으로 이어져 있다. 그 끝부분에 한 그루의 고목이 다른 나무들을 제치고 호수 쪽에 우뚝 서 있다. 사람들은 그 나무를 '수리 나무'라고 부른다. 참수리, 흰꼬리수리 등의 수리들을 중심으로 솔개, 까마귀들도 즐겨 앉는다. 발아래로 호수 물이 바다로 흘러 나가는 풍경과 마을 사람들의 생활이 한눈에 보여서다.

상류에서 내려온 물이 이 기수호에 모였다가 오랜 시간을 거쳐 오호츠크해로 빠져나간다. 바다는 달이 차고 기울어짐에 따라 하루 두 번 바닷물을 호수로 밀어 넣는다. 그때 바닷물과 호수 물이 섞이는 곳에서 연출될 드라마를 상상하면 잠을 이룰 수 없을 정도다. 그것은 수리들과 솔개, 까마귀도 마찬가지일 것이다. 그 광경을 훤히 내려다볼 수 있는 수리 나무야말로 최고의 전망대다. 언제부터인가 도후쓰호에 갈 때마다 이 고목을 쳐다보는 습관이 생겼다.

어느 날 고목 위에서 흰꼬리수리 한 마리가 물고기를 먹고 있었다. 지상망원경으로 보니 숭어였다. 호숫가에 사는 어부 K씨에게 물었더니 숭어가 올라오기 시작했고 곧 얼음낚시가 시작된단다. 한번은 참수리가 새를 잡아먹고 있기에 망원경으로 봤더니 새끼 재갈매기 같았다. 호숫가에 무리 지어 있는 놈들 중 한 마리일 것이다. 가자미를 먹고 있는 솔개와 까마귀를 본 적도 있는데 층거리가자미라고 K씨가 알려줬다. 별로 맛이 없다는 말도 덧붙였다. 그래서 얼음낚시로 잡은 층거리가자미는 모두 버린다고 한다.

5월에 흰꼬리수리가 잉어를 먹기 시작하면 호수의 잉어와 붕어가 산란을 시작한 것을 알 수 있다. 고목에 앉아 있는 이야기꾼들이 호수 주변의 드라마를 그렇게 말해 준다.

1월의 수리들이 우는 소리에서는 칼날 같은 날카로움과 승리의 함성이 느껴진다.

"칵칵칵, 칵칵칵."

맑은 소리가 얼어붙은 호수 위로 울려 퍼진다.

"칵칵칵, 칵칵칵."

수리들이 서로 주고받는 대화다. 이렇게 발밑에 물고기와 물새를 쥔 채로 가슴을 앞으로 쑥 내밀고 하늘을 향해 울어 대는 모습을 자주 본다.

떡갈나무 가지 위에서 교미하는 흰꼬리수리 한 쌍.

"잡았다, 잡았어. 이것 보라고!"

이렇게 뽐내는 소리가 아닐까. 그런데 2월에 들어서면 그 울음소리가 달라진다. 부드러워지는 것이다. 특히 바람이 없는 날에는 우는 소리에서 봄기운마저 느낄 수 있다.

그러던 어느 날, 흰꼬리수리 한 쌍이 고목 가지 위에서 교미하는 것을 보았다. 교미는 여러 날 계속됐는데 거의 같은 가지 위에서 이뤄졌다. K씨에게 그 이야기를 했더니 얼음 위에서도 한다고 알려주며 "이렇게 추운 시기에 결혼하지 않아도 될 텐데" 하고 한마디 한다.

흰꼬리수리는 오랫동안 알을 품는데 연구자의 말에 따르면 35일 동안이라고 한다. 게다가 부화하고 둥지를 떠나기까지 70~90일까지 필요하다니 서두를 만도 하다. 먹이가 가장 많은 시기를 생육기의 절정에 맞추려면 혹한기인 2월에 교미를 할 수밖에 없다. 그러니 지독하게 추워도 해야 할 일을 안 할 수야 없지 않은가. 붉은여우와 흰꼬리수리, 이 고장의 두 주역이 같은 시기에 사랑의 계절을 맞는다. 2월의 아름다운 눈을 보고 있으면 자연은 사랑이라는 무대의 섬세한 연출자인 것 같다.

• • •

야생동물과 만나는 여행을 바라는 사람에게 훗카이도 동부만큼 멋진 곳은 없다.

나는 아프리카, 사할린, 캄차카 등도 여러 번 가 봤다. 모두 야생동물과의 만남을 기대하며 떠난 여행이었다. 아닌 게 아니라 아프리카는 그 규모가 달랐다. 만날 수 있는 생물의 종류와 수에 있어 그 차원이 달랐다. 그러나 거기까지 가는 시간과 경비를 생각하면 만만치 않은 부담을 각오해야 한다. 그것은 사할린이나 캄차카도 마찬가지다. 무엇보다도 수속이 복잡한 데다 돈도 많이 들고 항상 이러저러한 말썽이 따른다. 그런 것이 다 여행의 맛이라고 한다면 나름대로의 만족감은 얻을 수 있겠지만….

그런데 홋카이도 동부는 만나고 싶은 동물이 알차게 모여 있어서 시간과 비용이 적게 든다. 더구나 일본 말은 통하지만 환경적으로 따져 보면 외국이다. 일본 어디에도 없는 풍경과 식물상, 동물상을 가지고 있다. 오히려 사할린이나 캄차카 같은 극동 지방과 같은 환경이다. 그래서 이 지방을 여행한 사람들 대부분이 홋카이도는 오호츠크해를 둘러싸고 있는 오호츠크 해역의 일부라는 점을 깨닫는다. 이곳에는 '일본 어디에도 없는' 것들이 흔하다는 사실도 알게 된다. 홋카이도 역시 일본이지만 다른 지역과 비교하면 외국이라고 할 만큼 다르다.

언젠가 홋카이도 동부를 도쿄에서 온 친구와 여행한 적이 있다. 구시로에서 만나 아칸이란 마을에서 두루미를 구경했다. 200마리가 훨씬 넘는 두루미에 탄성이 절로 나왔다. 그러나 오래 머물지 않고 그날의 목적지인 요로우시에 있는 온천으로 차를 돌렸다. 도중에 후렌호 주변의 사슴 떼를 곁눈으로 보았고, 오다이토의 고니 떼에게는 눈길도 주지 못하고 그대로 목적지로 향했다.

섬올빼미를 볼 수 있다는 여관에 도착했다. 저녁때 술 좀 마시자고 하려는데 친구는 짐도 풀기 전에 카메라부터 꺼내더니 여관에 있는 촬영 장소로 향했다. 나는 다음 날 아침 일찍 출발해야 할 것 같아서 혼자 방에 돌아왔지만, 그는 밤을 새워서라도 섬올빼미를 보겠다며 밤이 깊도록 창밖을 뚫어지게 보고 있었다.

다음 날 아침, 일출이 6시쯤이라서 아침 해를 배경으로 수리들을 찍으려면 5시에 떠나는 배를 타야 했고, 우리는 새벽 4시에 여관을 나섰다. 친구의 눈은 벌겋게 충혈되어 있었다. 라우스에서 배를 탔는데 20명 남짓한 승객들은 모두 카메라맨이었다. 배는 유빙을 향해 동트기 전의 여명 속을 나아간다. 목표 지점으로 삼은 유빙 위에 미끼인 명태 대가리를 뿌린다. 50마리도 넘는 참수리와 흰꼬리수리가 몰려들고 '찰칵 찰칵' 셔터 소리가 잇따라 여기저기서 울린다. 약 1시간에 걸친 드라마가 끝나고 항구로 돌아온 것은 8시가 지나서였다.

아침식사를 마치고 어제 곁눈으로 본 일본사슴이 있는 하시리코탄으로 차를 달렸다. 그곳에서는 30여 대의 차가 함께 이동했다. 사슴 떼의 움직임에 맞춰 차도 함께 움직이는 것이다. 그리 넓지 않은 곳에 3천 마리나 모여 있으니 그 광경은 압권이 아닐 수 없다. 그리고 밤에는 가와유 온천에서 정신없이 곯아떨어졌다.

다음 날은 아침 6시에 길을 나섰다. 근처의 큰고니를 촬영하기 위해서다. 호수 기슭에서 뜨거운 물이 계속 솟아 나오기 때문에 2월에는 아침마다 물안개를 볼 수 있다. 물안개 속에서 촬영을 하다가 물안개가 걷히고 나서야 아침식사를 했다.

다시 차로 쓰루이의 두루미 체험장으로 향했다. 우리는 그곳에서 해 지기 전까지 두루미와 함께하는 풍류를 즐겼다. 친구는 그날 밤 마지막 비행기로 도쿄로 돌아갔다. 2박 3일 동안 사진만 찍은 여행이었다. 친구는 공항에서 손을 흔들며 보고 싶었던 모든 종

두루미의 숫자만큼 모여든 다리 위의 카메라맨들.

을 만났고 필름이 모자랄 정도로 사진을 찍었다며 만족해했다. 그도 그럴 것이 주요한 피사체 6종 가운데 4종이 천연기념물이었다. 20년 전이라면 천연기념물을 찍겠다는 생각을 한 것만으로도 벌을 받을 만한 일이었다. 천연기념물이란 그만큼 귀한 생물이었다.

친구와 여행을 통해 홋카이도 동부의 자연은 자원이며, 텐짱들의 부활이 산업을 일으켰다는 것을 알게 됐다. 천연기념물의 보호가 산업을 창출하고 있는 현실 속에서, 텐짱들은 상품으로서 그 산업을 유지하고 있다는 사실을 깨달았다. 피사체가 된 6종 가운데 먹이를 주며 보호, 유지하고 있는 것은 5종에 이른다. 보호 대상에서 제외된 일본사슴도 최근까지 엄중한 보호 아래 있었다. 그것들이 겨울 관광의 주역이 된 이후로 동물 체험장이 있는 마을의 민박과 호텔은 보통 이맘때면 방이 모두 찬다.

친구 말로는 계절과 상관없이 단골손님으로 찾아오는 여행객이 늘고 있다고 한다. 정보가 인터넷을 통해 전국에 퍼져서 비슷한 상품으로 '동물에게 먹이 주기'가 여기저기의 숙박 시설에서 시도되고 있는 것이다. 청설모가 사는 신사, 검은담비가 찾아오는 호텔, 너구리가 기웃거리는 여관 등 사람들의 흥미를 끌 만한 것들이 경제적 가치를 지닌 자원으로 여겨지고 있다.

찾아오는 사람들의 장비를 보면 깜짝 놀란다. '프로 뺨친다'는 말이 있는데 정말 모두들 '프로 저리 가라' 할 정도의 장비를 갖추고 있다. 게다가 왕복 여비까지 계산해 보면 이런 현실은 벌써 완전한 산업화 그 자체라고 말할 수 있을 것이다. 산업의 번성에는 언제나 그늘이 따르기 마련이다. 이 상품화된 풍부한 자연은 사실 인위적으로 만들어진 것이며, 산업적인 자본투자의 한 형태에 지나지 않는다. 하지만 사람들은 이 사실을 외면하려 한다.

나는 사람들이 주로 관심을 가지는 천연기념물이 너무 늘어서 '희귀한 생물이 흔해지는 현상'에 적지 않은 두려움을 느낀다. 모두들 좋아라 흥분하고 있는 가운데 이름 없는 것들의 모습이 자꾸 사라져 가는 현실에는 대부분이 관심을 보이지 않기 때문이다.

검은머리촉새가 사라지고, 뻐꾸기도 보이지 않는다. 반딧불이와 개구리 같은 어린이 노래의 주인공들도 지금은 보기 어렵다. 두루미와 수리들이 우리 눈에 쉽게 띄게 되자 지난날의 풍요한 자연이 확실히 부활하고 있다고들 믿는 것 같다. 그러나 레이첼 카슨이 경고한 '침묵의 봄'이 바로 코앞에 닥쳤는데 누구 하나 그것을 입에 올리려고 하지 않는다.

3월
우리의 평범한 일이
숲을 우거지게 할 거야

우리 고장인 고시미즈를 흐르는 얀베쓰강 하구에 주민들이 돈을 모아 산 40헥타르가 조금 못 되는 인공림이 있다. 24년 전에 술을 좀 마시고 술기운을 빌어 산 것이기는 하지만, 출자한 회원들 모두가 지금은 어엿한 일본 제일의 자연주의자들이다.

23년 전에 재단으로 승인받고 일본에서 제일 작은 재단이라는 놀림을 받으면서도, 인공림을 80년에 걸쳐 천연림처럼 만들어 보자는 꿈같은 작업을 계속하고 있다. 재단 이름은 '고시미즈의 자연과 이야기하는 모임'이다. 그리고 그 사업 현장인 숲이 앞서 이야기한 '오호츠크의 마을'이다.

마을 중앙부에 수년 전, 핀란드에서 수입한 통나무로 핀란드인 통나무집 건축가와 함께 지은 그럴듯한 마을 회관이 서 있다. 이곳은 어린이를 위한 숙소를 겸하며 22명이 머물 수 있다. 특히 숲속과 연못 바로 옆에는 야생동물을 위한 오두막이 있다. 숲속에는 다양한 둥우리 상자가 나뭇가지에 걸려 있는데 작은 새를 위한 것은 물론 올빼미나 박쥐, 하늘다람쥐를 위한 집도 있다. 그 수가 대략 400개 정도다.

숲은 소비되는 양만큼 생산하는 것을 원칙으로 삼는다. 아웃도어로 불리는 야외 활동의 세계도 홋카이도의 농촌에 사는 우리 입장에서 보면 그저 자연을 소비하는 행동으로밖에 비치지 않는다. 그래서 몰려오는 외지인들을 '자연 소비 집단'이라고 부르고 싶어진다. 우리는 한나절 숲속에서 즐긴 사람들에게 나머지 반나절은 숲을 위해 뭔가 생산해 주기를 부탁하고 있다. 그리고 그렇게 하기 위한 다양한 '메뉴'를 마련해 두었다.

그중 하나는 야생동물이 번식할 수 있는 집이 될 만한 수동나무에 팬 구멍이 없는 젊은 인공림에 보금자리를 만들어 주는 메뉴다. 여러 동물을 위한 설계도가 준비되어 있어 찾아온 사람들은 둥우리 상자를 만들거나 완성된 것을 가져다가 숲에 달기도 한다. 자연의 소비자에 그치지 않고 자연의 생산자가 되는 시스템이다.

3월의 어느 날, 홋카이도를 여행하던 한 가족이 이곳에 들러 무엇이든 돕고 싶다며 찾아왔다. 그 가족은 둥우리 상자를 설치하는 메뉴를 골랐다. 오전 중에 수많은 둥우리 상자를 들여다보며 하늘다람쥐의 등을 쓰다듬기도 하고, 누군가 달아 놓은 집에서 애기붉은쥐 같은 들쥐들이 사는 것에 놀라며 즐거워했다. 이런 즐거움에 보답이라도 하려는 듯이 창고 안에는 어린이들이 만들어 놓은 둥우리 상자가 수북이 쌓여 있다. 그것을 나무에 계속 걸어 주고 있다. 입구가 왜 북향이어야 하는지, 지상에서 어느 정도 높여야 하는지, 뱀의 침입을 막기 위해서는 어떤 자리가 좋은지 등 생각할 거리는 얼마든지 있다.

그런데 이 방면의 연구 결과가 거의 없어서 현장에 있는 우리들

'자연을 생산하는' 작업의 성과인 수많은 둥우리 상자.

을 애태운다. '둥우리 상자 달기' 따위는 유행이 지나도 한참 지난 60년대의 연구라고 치부하는 분위기가 연구자들 사이에 퍼져 있는지도 모른다. 어쨌든 둥우리 상자는 여러 의미에서 어린이들에게 훌륭한 교재가 된다. 자연의 비밀스런 부분을 조금이나마 들여다보고 만질 수 있는 기회를 주기 때문이다.

하지만 요즘 어린이들은 이런 기회를 거의 갖지 못한다. 그런데도 요즘 시대는 모든 것이 지식만으로 충분하다고 말한다. 책을 읽으면 충분하다는 주장이다. 결국 어린이들 마음속에 있는 동물들은 도망가 버린다. 뭔가 새로운 것을 뒤쫓는 것이 과학이요, 연구라는 발상 속에서는 인생에서 가장 중요한 시기를 보내는 어린이들은 자연의 불구가 되고 만다. 어디에나 있는 자연의 감동을 맛보지 못하고 어른이 될 수밖에 없다.

웬일인지 '평범함'이 우리 삶에서 잊혀 가고 있다. 평범한 일, 둥우리 상자를 걸어 주는 평범한 일은 찾아온 가족의 환성 속에서 끝이 났다. 둥우리 상자에는 만든 사람과 걸어 준 사람의 이름이 친필로 적혀 있다. 가끔 "내가 만든 집에는 지금 누가 사나요?" 하며 자기가 건 둥우리 상자에 누가 사는지 묻거나 직접 찾아오는 아이들도 있다. 그런 면에서 비록 작은 일이지만 자기가 한 일을 즐거워하는 사람들은 또 하나의 고향을 갖게 되는 것이다. 이 성긴 숲도 마침내 우거질 것이다. 그런데 아쉽게도 숲을 만드는 데 참가한 사람들은 숲의 완성을 보지 못하고 세상을 떠난다. 그러나 누구도 이 사실을 화제로 삼지 않는다. 다들 그래도 괜찮다고 생각하고 있는 것이다.

강변 숲의 주역인 버드나무의 꽃눈이 부풀었다. 한 고목 밑의 쌓인 눈 위에 꽃눈이 마치 벚꽃의 꽃잎처럼 흩어져 있다. 하늘다람쥐가 먹고 떠난 자리다. 올려다보니 나무의 남쪽 부분의 꽃눈은 거의 보이지 않는다. 하늘다람쥐가 레스토랑으로 삼은 모양이다. 아마도 매일 밤 식사 시간이 되면 다녀가는 것 같다. 남은 꽃눈도 며칠이면 다 없어질 것이다. 자연은 가끔 참혹한 모습을 아무렇지도 않은 듯 보여 준다. 결코 아름다운 것만 보여 주지는 않는다. 우리 숲을 찾아왔던 그 가족도 그것에 감동하고 돌아갔다.

・ ・ ・

작업실 창문 밖으로 아카시아나무가 보인다. 호두나무와 마찬가지로 아주 빠르게 자란다. 낙농인 F씨는 찾아올 때마다 "선생님, 이런 나무는 일찍 잘라 주지 않으면 해를 가려서 집이 어두워져요"라고 충고했다. 그래도 그대로 두었더니 어느 해부터인가 꽃이 피고 벌이 찾아오는 게 아닌가. 그래서 그것도 나쁘지 않다고 여기게 됐다. 그리고 나무에 둥우리 상자를 걸어 줬더니 그해 겨울에는 하늘다람쥐가 들락거리는 것이 보인다. 볼 때마다 분명 퇴원한 환자일 거라고 멋대로 생각하고 있었는데, 요 몇 년 사이에 박새의 집이 되어 있었다. 올해도 뜰에 놓인 먹이대의 단골손님인 몇 마리 가운데 하나가 겨우내 쓰고 있다.

2월이 거의 끝날 무렵, 가끔 동고비가 자기 집이라고 주장하며 이미 살고 있는 박새와 티격태격한다. 사람들이 이것을 보고 어떻게 해 줘야지 박새가 불쌍하지 않냐고 해도 그대로 놔뒀더니 실랑이가 의외로 싱겁게 끝났다. 박새가 먼저 짝을 지어 들어앉아 버린

우리 집의 단골손님인 동고비는 싸움꾼이기도 하다.

까마귀가 하늘을 향해 사랑 노래를 부르고 있다.

것이다. 박새 부부가 교대로 집을 지켜서 동고비가 침입할 틈을 주지 않은 것이 결정적인 승리의 원인이었다. 어느 한쪽이 둥우리 상자의 지붕 밑에서 망을 볼 수 있는 박새 부부에게 혼자인 동고비가 당할 수 없었던 것이다. 아무리 자신이 맘에 드는 장소라도 하루 종일 경쟁자를 감시할 수는 없다. 동고비는 집보다 먼저 짝을 찾는 일이 급선무인 것이다.

그러고 보니 며칠 동안 집 뒤편 방풍림의 낙엽송 꼭대기에서 까마귀 네 마리가 구애 행동에 여념이 없다. 서로 뒤쫓기도 하고 꼬리날개를 좌우로 크게 접었다 폈다 한다. 온몸의 깃털을 모두 곤두세우고 머리를 위아래로 저어 대며 '꽉 꽉, 꽉 꽉' 하고 제법 박자를 맞춰 노래를 부르기도 한다. 짝을 짓기 전의 집단 맞선일까.

춘분날 3월 21일경을 경계로 기온이 급상승하는 것을 느낄 수 있다. 한 조사에 따르면 규슈에서는 춘분날의 기온이 18도는 되고 열흘에 2도는 상승하는데, 홋카이도는 최고기온이 겨우 3도라고 한다. 북쪽 지방일수록 낮과 밤의 길이 차이가 분명히 나타나는데, 이 무렵 낮과 밤의 시간차는 매일 3, 4분이나 달라진다. 기온도 함께 변하기 때문에 하루가 다르게 따뜻해진다는 표현이 과장이 아니다.

따뜻한 기온은 야생의 피를 끓게 한다. 곤줄박이가 어느덧 눈에 띄지 않는다. 뜰의 먹이대의 단골이던 어치 네 마리도 며칠째 보지 못했다. 갈색양진이 군단도 나흘 전에 날아간 뒤로 한 마리도 볼 수 없다. 모두 번식지로 이동을 시작한 것 같다. 먹이대가 중앙에 놓인 우리 집 뜰은 그들에게는 임시 숙소일 뿐이다. 여기가 자기 집이라며 눌러앉을 참새들 틈에 섬촉새와 긴꼬리홍양진이가 낄 날이 멀지 않다. 그러고 보니 숲속 여기저기서 새들의 구애 행동이 펼쳐지고 있다.

둥우리 상자가 걸린 아카시아나무의 가지를 주둥이로 물어서 꺾고 있는 까마귀를 보았다. 자기 둥지의 재료로 쓰려는 모양이다. 전에 본 그 네 마리 가운데 한 마리일까? 먹이대에 모여드는 야행성 들쥐를 관찰하려고 붉은색 전등을 켜 놓았는데, 10일쯤부터 나방들이 날아들기 시작하더니 며칠 사이에 그 수가 부쩍 늘었다.

이제 봄이 얼마 남지 않은 것 같다.

• • •

"이 일대의 바닷가 바위에는 수리들과 바다사자, 바다표범 등이 떼를 지어 살며, 그것들이 울어 대는 소리가 시끄러운데 한참 듣고 있으면 웬일인지 구슬퍼진다."

1858년 5월 5일, 마쓰우라 다케시로가 시레토코반도를 지나며 반도의 풍경을 묘사한 《시레토코 일지》다. 오늘날의 시레토코에서 당시의 그런 모습은 찾아볼 수 없다. 그러나 나는 그것과 비슷한 경험을 두 번 했다. 말하자면 다케시로와 같은 기분을 느껴 본 것이다. 1978년 3월, 홋카이도 북부의 사루후쓰의 하마오니시베쓰에서 그리고 1990년 7월에 사할린의 추레니섬에서다.

소야곶 남쪽의 사루후쓰 지역에 있는, 오호츠크해의 바로 앞에 있는 동네가 하마오니시베쓰다. 이 동네에서 바다 쪽으로 300미터 지점에 있는 두 개의 바위가 오호츠크해의 파도를 뒤집어쓰고 있다. 지금은 고인이 된, 바다동물 사냥꾼으로서 최고였던 시부타

하마오니시베쓰의 암초에 우글거리는 바다사자.

씨는 이 암초들은 러시아와의 국경선 상에 있는 니조이와까지 이어지는 암초군의 일부이자 바다사자의 회유 경로의 일부라고 한다. 이른 봄 홋카이도 북부의 서쪽 바다에서 겨울을 난 바다사자 떼가 이 경로를 따라 동진해 니조이와에서 집결한다고 한다.

하마오니시베쓰는 1977년부터 4년에 걸쳐 가 보았다. 모두 시부타 씨와 배주인 후지모토 씨 덕분에 가능한 일이었다. 맑고 파도가 잠잠한 날에는 '시끄러워서 잠도 못 잔다'라며 후지모토 씨의 집에서 일하는 어부가 웃었다. 바위 위에 올라선 바다사자의 우는 소리 이야기인가 했는데, 그게 아니라 코고는 소리라고 해서 배꼽을 쥐었다. 바다사자의 코고는 소리가 어찌나 크고 시끄러운지 바닷가 근처에 사는 아이도 그 소리에 잠을 깬다고 하니 놀라울 따름이다. 그래서 어느 날 항구의 변두리에서 쌍안경을 손에 들고 바다사자를 관찰하기로 했다. 어부의 이야기대로였다.

그 수가 특히 많은 해에 경비행기를 타고 조사했더니 350마리가 넘게 모여 있었다. 전에 추레니섬에서 본 것보다 많았다. 여기에 바다표범이 합세하자 그 옛날 마쓰우라 다케시로가 맛본 세계를 나도 경험하게 될 거라고 생각했는데 바다표범은 실제 거의 울지 않았다. 수리들도 웬만해서는 울지 않는다. 다케시로가 들은 우는 소리는 거의가 바다사자의 소리였을 것이다. 2시간이나 듣고 있자니 나도 괜히 구슬퍼졌다. 아마 옛날 시레토코곶도 이곳 암초와 같았을 것이다.

그로부터 120년이란 시간이 흘렀지만 오호츠크해의 차가운 바닷바람과 습한 공기 속에 서 있으면 마치 딴 세상에 온 것 같다. 나는 문득 사할린의 추레니섬에서 본 엄청난 물개 떼와 250여 마리 남짓의 바다사자의 집단 번식지가 머리에 떠올랐다. 그곳의 20만을 헤아리는 대집단이 내는 소리는 아프리카의 대지에서는 느낄 수 없던 애수 속에 울려 퍼지고 있었다.

암초는 바다사자들로 꽉 메워져 있었다. 바다사자 가운데는 1톤이 넘는 거구를 자랑하는 수컷이 수두룩했다. 여담이지만 시부타 씨도 거구인데 아마 100킬로그램은 나갈 것이다. 게다가 눈매가 부드럽고 목이 굵어서 머리는 상반신 속에 묻혀 보이며 하반신이 작아 보인다. 그래서 그에게 '바다사자 같다'고 말하려다 얼른 입을 다문 적도 있다.

그러나 바다사자는 수산업자인 후지모토 씨에게는 골칫거리다. 해마다 많은 고기를 바다사자가 먹어 치우는데 가끔씩 자리그물 안에 들어와서 난리를 피우기도 한다. 그물을 찢기도 해서 바다사자를 그대로 놔둘 수는 없다. 이럴 때 시부타 씨가 등장하는데 함부로 잡아 없애지는 못한다. 과학자가 생태학적으로 개체 수 유지에 문제가 없는 숫자를 결정하면 그에 따라 행정기관이 시부타 씨와 같은 사냥꾼에게 그 처리를 의뢰한다. 동물관리학의 현장이 그곳에 있는 것이다.

아무튼 그 두 사람에게 나는 신세를 지고 있었다. 그래도 나는 '두 분 다 이 일로 돈 좀 버시니까 조금은 바다사자에게 양보하는 게 어때요?'라고 말하고 싶은 기분이었다. 그래서 세 사람이 모이면 서로의 입장 때문에 완전히 한마음이 되기는 어려웠다. 하지만 묘하게 일치하는 감정이 있는데 그것은 세 사람 모두 바다사자를 귀여워한다는 점이다.

그러나 술자리에서는 이야기의 흐름이 순조롭지가 않다. 서로의 입장이 부딪친다. 논지가 얽히고설키다가 마지막에는 서로가 무슨 말을 하고 싶었는지조차 잊어버렸다. 그래도 주먹질이 오가지 않는 것은 바다사자를 귀여워하는 마음이 통하기 때문이었다. 그러다가 "그래도 조금은 있는 게 좋지" 하는 한마디 말이 이어졌고, 그 한마디에 다음 날도 함께 배를 탈 수 있었다.

갑자기 죽은 하라다 씨가 생각났다. 그는 제멋대로 구는 야생동물을 질색했지만 없애 버리자는 데에는 앞장서서 반대했다. 또 그는 "모든 게 다 사람의 것은 아니지. 우리 농민들에게는 훼방꾼이 좀 있어야 쓸쓸하지 않아서 좋아"라며 말하곤 했다. 후지모토 씨도 시부타 씨도 모두 하라다 씨와 같은 피가 몸속에 흐르고 있는지도 모른다.

해마다 봄이 되어 바다의 유빙이 사라지고 배를 내보낼 수 있다는 뉴스가 나오면 파도에 씻기는 하마오니시베쓰의 암초가 생각난다. 예전 모습은 온데간데없고 작년에도 가 봤지만 바다사자는 한 마리도 없었다. 다만 오호츠크해의 검푸른 바다가 흰 파도를 일으켜 바위를 씻고 있을 뿐이다. 바다를 보며 함께 나간 후지모토 씨가 말했다.

"쓸쓸하네요. 전에 본 것은 꿈이었을까요?"

나도 마찬가지 심경이다. 다행히 나는 필름이라는 증거물을 가지고 있다. 그것마저 없으면 그때 본 풍경은 꿈이 아니면 환상이라고 할 정도로 세상이 바뀌었다.

시레토코곶과 하마오니시베쓰의 바다에 외국물 좀 먹은 학자들이 관리학이랍시고 그동안 여러 번 왔었지만, 지금은 이런 현실에

침묵하며 옛날의 풍요롭던 시절을 없었던 것으로 매듭지으려고까지 한다. 우리들은 진정한 야생을 이제는 접할 수 없게 된 것이 아닐까. 바닷길이 열린다는 뉴스를 들을 때면, 풍요롭던 북쪽 바다를 떠올리지만 나라의 발전이라는 허깨비의 무시무시함에 그만 울화가 치민다.

• • •

밤사이 남풍이 불더니 바닷길이 열렸다는 뉴스가 나왔다. 1월 하순부터 오호츠크해를 메웠던 유빙이 북쪽으로 밀려가고 특유의 검푸른 해수면이 주역의 자리를 되찾고 수로가 난바다까지 트였다는 선언이다.

바닷길이 열렸다는 것이 뭐가 그리 대단하냐고 할지도 모르지만, 북쪽 지방에서 겨울을 나는 사람들로서 그것은 폐쇄감에서 해방되는 것을 의미한다. 50년 전까지만 해도 겨울철에는 국도가 눈으로 막히는 것이 보통이요, 더구나 80년 전에는 '겨울에는 아예 길이 없다'는 것이 상식이었다. 여기서 말하는 길이란 다른 마을로 갈 수 있는 길을 말한다. 다른 지방에서는 한겨울에도 바다로 통하는 길은 확보되어 있었다. 바다에만 나가면 도쿄든 규슈든 또는 중국이나 미국까지도 갈 수 있을 거라는 생각을 할 수 있다.

그런데 이 지방에서는 그것이 불가능했다. 원인은 바다를 꽉 메운 유빙 때문이다. 이것은 눈이라는 장애물보다도 고약하다. 유빙은 밑이 바다이기 때문에 바람이 부는 대로 이리저리 움직여서 도저히 걸어 다닐 수가 없다. 자연 앞에 엎드려 그저 꼼짝 못하고 때가 오기를 기다릴 수밖에. 그러던 것이 하룻밤의 바람으로 해방된다. 그래서 막혔던 바닷길이 트이는 것은 그저 고기잡이를 시작할 수 있다는 기쁨 그 이상인 것이다. 어부들은 뭍에 올려놨던 배를 바다로 끌어내고, 수산가공업자는 조업 재개를 준비하며, 슈퍼도 물건을 더 들인다.

나도 약간 바빠지는데 근처의 도후쓰호에 물새들이 계속 모여들기 때문이다. 북쪽으로 가는 놈과 그곳을 번식지로 정한 놈 사이에 떠돌이까지 끼어서 호수는 갑자기 분주해진다. 오랫동안 사귄 고니들이 북쪽으로 떠나는 것을 배웅하는 것이 나와 아내의 봄을 맞는 하나의 의식이 되었다. 그리고 또 하나의 즐거움은 신기루다. 바닷길이 트이면 얼음덩어리들이 오호츠크해의 이곳저곳을 둥둥 떠다닌다. 그러다가 대략 열흘 후부터는 육안으로 해수면 위의 유빙을 보기 어렵다.

바람이 거의 없는 따뜻한 날이면 바다는 환상의 얼음 나라가 된다. 신기루가 나타나는 것이다. 대기와 해수면의 온도차에 의한 빛의 장난이지만 처음 보는 사람은 누구나 그 신기함에 탄성을 지른다. 바다에 떠도는 유빙이 하늘을 향해 늘어나 때론 세 배나 길어져 흐느적거린다. 가까이 배라도 지나가서 색깔까지 띠면 보기에 따라서는 도시의 빌딩숲처럼 보이는데 20년 전에는 '바다 위에 사할린의 도시가 나타났다'고 화제가 된 적도 있다. 중국에서는 신기루를 '바다의 도시海市'라고 쓴다니 그럴 듯한 표현이다.

바다에서 신기루가 나타나는 날은 도후쓰호에서도 신기루를 볼 수 있는데 온갖 것들이 길어져 호수면 위에서 춤을 춘다. 고니 떼가 길어져 공중에 두둥실 떠다니는가 하면 고방오리도 검은 띠를 이루어 둥실둥실 떠다닌다. 왜가리가 길어지고 붉은부리갈매기 떼

이른 봄 온기와 냉기 그리고 빛이 만든 신기루가 오호츠크해에서 춤을 춘다.

가 세 배는 많아 보인다. 그 풍경에 호숫가에서 놀고 있는 아이들의 알록달록한 색깔 옷까지 더해지면 호수는 그야말로 꿈나라를 연출한다. 모두 온기와 냉기 그리고 빛의 하모니가 만드는 요술인 것이다.

예전부터 도야마만이 이런 풍경이 연출되는 메카라고 일컬어졌고 사진도 자주 봤지만, 이 계절의 오호츠크해는 그 규모와 다양함에 있어 일본 제일이 아닐까. 옛날에는 골칫거리로만 여겼던 유빙이 어느새 겨울의 관광자원이 되었다. 신기루는 이른 봄의 관광자원이 되기에 충분한 자격이 있다.

• • •

동물 관찰용으로 꾸민 승합차 안에서 창밖을 보고 있는데 만삭이 된 암여우가 뒤뚱거리며 땅굴 안으로 들어갔다. 이놈은 아마도 내일이나 모레쯤 새끼를 낳을 것이다. 교미한 날은 2월 4일이고 임신 기간이 보통 53일이니까 출산 예정일은 3월 28일이다.

암여우는 똥오줌을 눌 때만 나오고 거의 나다니지 않는다. 수컷이 날라다 준 먹이도 거의 먹지 않는다. 수컷도 수요와 공급의 법칙에 따라 먹이를 나른다. 새끼는 태어나자마자 어미 품에 안겨 아무 걱정 없이 자란다. 따뜻한데다가 젖도 충분하다. 입을 크게 벌리고 병아리처럼 먹이를 계속 재촉하기 시작하면 수컷도 힘이 솟는다. 그야말로 침식을 잊고 먹이를 날라다 준다. 하지만 지금은 전혀 그런 수요가 없어서 그런지 수컷도 의욕을 잃은 듯했다. 그래서 이 시기에는 굴을 드나드는 놈도 거의 없기 때문에 관찰하기가 지루하다. 아무 할일 없이 그저 멀거니 보고만 있다. 가끔 뜬금없이 찾아오는 멋쟁이새, 콩새, 갈색양진이가 지루함을 달래 준다.

 어느 해는 너무 지루해서 승합차 앞에 해바라기 씨를 뿌렸더니 갖가지 새가 찾아왔었다. 특히 방울새와 섬참새가 모여들기 시작하면 여우 일을 깜빡 잊을 정도다. 그해에 여우 가족의 땅굴로 지난해에 태어난 암놈 하나가 새끼를 낳으려고 찾아왔다. 친정에 온 셈이다. 아마도 분만 직전이었던 것 같은데 마침 섬참새 무리를 관찰하는 데에 정신을 팔다가 언제 어떤 모습으로 돌아왔는지 보지 못했다. 맥주를 마시고 졸다가 못 본 것은 아니지만, 어쩌다 깜빡한 그 공백이 지금도 못내 아쉽다. 상상도 해 보지만 경험하지 못한 일은 좀처럼 떠오르지 않는다. 그래서 그때 땅굴 속 여우들의 모습은 전에 우리 집에서 새끼를 낳은 몇 마리의 여우 모습과 비슷할 거라고 생각해 버렸다.

 '센'이라고 부르던 여우가 있었다. 영화 〈홋카이도 여우 이야기〉에서 중요한 역할을 맡은 여우인데 그 여우가 우리 집 거실에서 새끼를 낳았다. 그해 세 마리의 암여우들이 모두 비슷한 시기에 임신해서 새끼를 낳았는데 센은 거실의 책상 밑을 분만실로 삼았다. 책상에 헝겊을 겹으로 쳐서 어둡게 해 줬지만 그 자리가 거실인 것만은 변함이 없었다. 가족들이 식사를 하고 텔레비전을 보고, 가끔 아이들끼리 싸우고 부부 싸움도 하는 곳이 거실이다. 그러니 야생동물의 분만실로는 적당하지 않은 곳이었다. 내가 암실로 쓰고 있는 방도 막내딸의 방도 이미 다른 놈들이 새끼를 키우고 있었다.
 사실 센이 장소를 따질 만큼 사치를 누릴 처지도 아니었다. 내가

여우의 모든 것을 보여 준 친구이자 스승인 '센'.

있어 달라고 한 적도 없고 그저 잠자리와 먹이를 제공받는 식객이었으니까. 그 보답으로라도 그녀는 약간의 불편을 감수하고 학자가 되지 못한 남자에게 여우의 분만 전후의 행동을 관찰하게 할 의무가 있었다. 그렇다고 센이 어떤 불편함을 느낀 것도 아니다. 오히려 정말 불편했던 것은 우리 가족이다. "조용히, 조용히! 센이 아기를 낳아요"라는 말을 입에 달고 지냈다. 우리 가족 모두가 역사상 처음으로 조용한 일상을 보냈던 것이다. 큰 소리를 치는 일도, 식기를 떨어뜨려 깨는 일도 없고, 걸음도 수행자처럼 걸었다. 급기야 부부 싸움과 애들 싸움은 완전히 금지되었다.

한편 센은 달라진 게 거의 없었다. 두 배로 배가 부풀어 올라 동작이 굼뜨긴 해도 전에 만삭이던 아내와 비교하면 별 차이가 없었다. 가끔 '후우' 하고 한숨을 쉬는 걸 보면 약간 불안한 것 같기는 했다. 누웠나 싶으면 일어나서 위치를 바꿔 또 눕는다. 때로는 거의 정사각형인 책상 밑에서 빙글빙글 발바닥이 닳도록 마냥 걷고 있다. 표정을 살펴보니 어떤 목적이 있어서 걷는 것이 아니라 몽롱한 상태로 그저 몸을 움직인다. 좀 안정될까 해서 분만실인 책상을 검은 천으로 푹 뒤집어 씌웠지만 별다른 차이는 없다.

"후우 후우."

거친 숨결이 들려온다. 아내가 옆에서 한마디 한다.

"저 기분 알 것 같아."

나는 전혀 모르겠다. 그렇게 며칠이 지난 뒤 센은 새끼를 무사히 낳았다.

눈앞에 뻥 뚫린 땅굴 속의 암여우도 예전의 센과 똑같은 시간을 보내고 있을 거란 생각에, 지루해서 나도 모르게 삐걱삐걱 앞뒤로 흔들던 의자를 멈췄다. 아내는 이해할 수 있지만 나는 알 길이 없는 출산을 앞둔 암여우의 기분을 조금이라도 알아주고 싶었기 때문이다. 오후 3시가 지나자 수컷이 들쥐 두 마리를 입에 물고 돌아왔다. 입구에 서서 귀를 두어 번 튕기듯이 흔들더니 그대로 입구 옆의 흙을 파서 먹이를 그 안에 묻었다. 그리고 입구를 막듯이 몸을 웅크리고서 자기 시작했다. 수놈이 일어난 것이 그로부터 2시간 20분 뒤였다.

  해는 벌써 서쪽 언덕 위에서 하늘을 빨갛게 물들이며 지고 있었다. 나도 주위를 정리했다. 새끼 여우가 탄생하면 3월도 끝난다. 돌아오는 길에 자동차 전조등에 비친 눈토끼를 보았다. 털갈이가 시작되고 있었다.

에
필
로
그

 봄과 가을이면 계절의 변화를 제일 먼저 알리던, 틈이 많은 허름한 우리 집이 이제는 정말 위험해졌습니다. 어느 날 밤, 진도 2의 작은 지진에 집 구석구석이 지르는 비명을 듣고 그만 더는 안 되겠다는 생각을 했습니다. 해마다 술병을 들고 찾아와서 책임 못 진다던 그 목수의 말을 무시할 수 없게 된 것이죠. 그래서 집을 옮기기로 했습니다.
 옮기겠다는 마음을 먹고 나니 살고 싶은 데도 생기고 이런저런 일도 할 수 있겠다는 희망이 꼬리를 물고 일어났습니다. 그 덕분에 한동안 즐거운 시간을 보냈지만, 결국 그런 희망은 "나이를 생각하셔야죠" 하는 말에 덧없이 사라지고 말았습니다.

 그러다가 홋카이도의 중앙부에 있는 히가시카와에 찾아갔습니다. 자치센터의 직원이 살 만한 곳을 몇 군데 소개해 줬습니다. 그리고 근처의 숲에 발을 들여놓았을 때였습니다.
 "저기, 까막딱따구리 아니에요?"
 아내의 말에 고개를 돌린 순간 내 눈이 딱따구리의 검고 큰 눈과 딱 마주쳤습니다. 그래서 그 자리에서 자치센터 직원에게 "여기

로 하겠습니다" 하고 말했습니다. 집 지을 땅을 정하는 일은 그걸로 끝났습니다. 아내는 그 후부터 지금까지 우리 집에 까막딱따구리가 찾아온다며 만나는 사람마다 자랑합니다.

이곳은 다이세쓰 산계의 기슭에 있습니다. 다이세쓰 산계 중 가장 높은 아사히산 2290m은 우리 집에서 열 발자국만 가면 바로 눈앞에 보입니다. 그 대신 바다는 볼 수 없는 곳이죠. 이곳은 어느 방향으로 달려도 바다까지는 꽤 시간이 걸리며, 홋카이도에서는 바다와 제일 먼 곳에 있는 마을일 겁니다.

나는 대학 시절을 빼고는 줄곧 바다가 보이는 곳에서 살았습니다. 많은 것을 바다와 그 주변에서 배웠습니다. 그래서 이번 이사는 그 바다로부터의 졸업이라는 의미도 있습니다. 다시 말하면 '산'이라는 학교에 입학한 것이죠. 다이세쓰 산계라는 커다란 산속에서 이제까지 보지 못했던 세계를 들여다볼 작정입니다.

이사 온 지 1년 반이 되서야 이제 겨우 이 고장이 보이기 시작했습니다. 이곳은 쌀농사에서 일본 제일이라는 자부심을 가지고 있습니다. 그러고 보니 내가 홋카이도에 와서 40년 동안이나 쌀이

생산되지 않는 지방에서 살았던 것입니다. 논농사 지대에 사는 것은 정말 오랜만입니다. 쌀이 나는 고장은 여름에 습도와 기온이 높다는 것이 생각났습니다. 그래서 그런지 벌레도 많고 개구리도 많습니다.

내 작업실 창가에는 개구리 몇 마리가 아예 터를 잡고 살고 있습니다. 밤늦게까지 불을 켜 놓고 있으니 벌레들이 모여들고, 그 벌레들을 개구리가 노리는 것이죠. 그런데 개구리도 여기가 천국은 아닙니다. 내가 싫어하는 뱀까지 여러 종류 모여들어서 나와 전쟁을 되풀이하고 있으니까요. 그래도 벌레들이 많은 이곳은 즐거운 세계입니다. 가을에는 집의 남쪽 벽에 고추잠자리와 깃동잠자리 떼가 찾아와 벽에 형형색색의 무늬를 그려서 눈을 즐겁게 해 준답니다.

여기에 살다 보니 오랫만에 내가 자란 규슈의 시골로 돌아간 느낌입니다. 검은담비가 베란다에 옵니다. 작년 겨울은 뒷산에 전등을 켜 놓고 밤마다 담비와 눈싸움을 했습니다. 동물들은 적색등에는 반응하지 않는다는 생각이 나서 전등에 빨간 셀로판도 씌웠습니다. 그 때문에 눈이 쌓인 뒷산이 빨개져서, 무슨 일인가 하고 이웃 농부들이 모여들었죠. 이곳에서도 여전히 사람들을 놀라게 하고 있습니다.

너구리의 교통사고도 여러 번 봤습니다. 홋카이도 동부에서는 흔치 않은 일입니다. 아마 눈이 많은 지방이다 보니 너구리도 많을 것입니다. 너구리의 친구 붉은여우는 이곳에서도 골치 아픈 존재입니다.

그래도 여우 이야기를 할 때는 많은 사람이 반쯤 웃으며 이야기합니다. 없는 것이 좋다고 말은 하면서도 아예 없어지면 섭섭한 모양입니다. 이웃이니까요. 그 이웃을 나는 앞으로도 계속 따라다니게 될 것 같습니다. 그리고 까막딱따구리가 오고 검은담비가 오는 숲속의 작은 집에서 듣는 자연의 소식을 계속 보내 드릴 생각입니다.

다케타즈 미노루

옮긴이의 말

《숲속 수의사의 자연일기》는 홋카이도 동북부의 작은 마을에서 야생동물의 보호와 치료 그리고 재활 훈련을 천직으로 삼아 온 한 수의사가 40년 동안 자연과 인간에 대해 관찰하고 체험하며 느끼고 얻은 것을 일기체로 피력한 글이다.

자연으로부터 날로 멀어져 가는 현대인들에게 그러한 삶이 얼마나 인간을 일그러뜨리는지를 일깨워 주는 글은 우리 주변에 많이 있다. 이 이야기도 그런 책 가운데 하나가 되겠지만, 이 글을 옮기고 나서 나는 이야기의 무대가 된 홋카이도 동북부가 어느새 머릿속 한구석에 각인되고 언젠가 한번 찾아가 보고 싶은 마음이 일었다.

먼 아프리카가 아니고 비행기를 타면 한두 시간도 채 안 걸리는 가까운 이웃 땅이라는 이유에서가 아니다. 저자가 전하는 그곳 자연과 사람들을 내 눈으로 보고 내 몸속에서 재생시키고 싶은 마음에서다. 그들이 새와 다람쥐들의 집을 만들어 달고 있는 숲도 마침내 우거질 것이다. 그리고 '이상한 일이지만 숲을 만드는 데 참가한 사람들은 숲의 완성을 보지 못하고 이 세상을 떠난다. 그러나 누구도 이 사실을 화제로 삼지 않는다'는 사람들을 만나 보고 싶어서다.

홋카이도가 일본의 가장 북쪽에 있는 땅이라는 것을 모르는 사람은 없을 것이다. 그러나 '삿포로 우동'이나 '삿포로 맥주' 등의 이름이 우리 귀에 익은 지 오랜 지금, 이 책에 나오는 개척 사업이나 개척민 그리고 원주민 아이누족 등 미국 건국사에나 나옴직한 어휘들에 어리둥절할 독자가 있을지도 모른다. 홋카이도가 일본 정부의 행정력이 미치는 영토로서 굳어진 것이 불과 130년 전인 1886년이다. 그 전에는 이 지역에서 사냥과 고기잡이를 주로 하는 아이누족이 영토 개념 없이 태곳적부터 살아온 땅이며 홋카이도란 이름으로 불리기 시작한 것도 약 150년 전인 1869년, 즉 우리나라 대원군 섭정 때의 일이다.

이전의 역사를 자세히 언급하는 것은 독자들이 이해하는 데 번거로울 것 같아 피하겠으나, 다만 오호츠크 연안에 있는 여러 땅, 홋카이도, 쿠릴 열도, 사할린 등을 두고 18세기 초에서 19세기 말에 이르는 오랜 동안 이 지역을 탐내는 러시아와 일본의 외교 분쟁이 그리고 때로는 러시아의 무력 도발이 빈번하던 과거사가 있었다는 것은 염두에 둘 필요가 있다. 그리고 한발 앞선 이 지역에서의 개척 사업으로 일본은 이 지역을 그들의 북쪽 변두리 땅으로 굳히는 데 일단 성공했으나, 제2차 세계대전에서 패하면서 그때까지 차지하고 있던 가라후토 남반부 지금의 사할린 남부와 치시마 지금의 쿠릴 열도를 러시아에게 빼앗기는 운명을 맞았고 지금의 홋카이도만이 오호츠크 연안에 있는 유일한 일본 땅이 되고 말았다.

홋카이도에 대한 이러한 과거사를 알고 나면 오늘날 일본 사람들이 이 땅에 갖는 남다른 애정을 미루어 이해할 수 있을 것이다. 저자가 원제를 《홋카이도의 12개월》이 아니라 《오호츠크의 12개월 オホーツクの十二か月》로 한 심정을 엿볼 수 있을 것이다. 그러나 오해를 피하기 위해 덧붙이거니와 이 책의 주제는 어디까지나 오늘의 홋카이도의 자연과 인간이며, 과거사가 줄거리가 아닌 것은 두말 할 것도 없다.

저자인 다케타즈 미노루 씨에 대해서는 이 책이 자서전적 성격이 짙어서 더 이상의 소개가 필요 없을 것 같다. 다만 40여 년에 걸친 야생동물과의 동거 생활과 타고난 관찰력 때문에 오늘날 북방계 야생동물의 뛰어난 연구자로 인정받고 있다는 것만은 여기에 특기해 둔다. 끝으로 역자가 우연히 알게 된 다케타즈 씨에 관한 에피소드 하나를 소개하는 것으로 후기를 마칠까 한다.

저자와 가까이 지내는 친구 한 사람이 있었다. 그가 다케타즈 씨

를 만났을 때, 마침 생각이 나서 자기가 겪고 있는 작은 골칫거리 하나를 털어놓았다. "이웃 집 고양이 세 마리가 들락거리며 그중 한 마리는 내 차 위에서 자기까지 하니, 이놈을 쫓을 묘수가 없을까?" 이야기를 듣고 난 다케타즈 씨는 "할 수 있을지 모르겠지만, 제일 좋은 방법은 그 차 위에 네 똥을 올려놓는 거야"라고 했다. 그 말에 친구가 "그 짓은 차마…" 하며 망설이자 다케타즈 씨는 잠시 생각한 뒤 이렇게 말을 이었다. "그게 힘들면 효과는 좀 떨어질지 모르지만 낚싯줄을 고양이가 다니는 길목에 고양이 눈높이로 쳐두면 다신 오지 않을 거야" 고양이는 이 반투명의 낚싯줄에 어리둥절하고 그것을 조심하느라 접근하지 않는다는 설명이다.

　동물의 마음속에 들어갔다 나온 저자를 눈앞에서 보는 것 같다.

김창원

다케타즈 미노루 지음

1937년 일본 오이타현에서 태어났다. 1963년부터 홋카이도 동부의 고시미즈의 농업공제조합 가축진료소에서 수의사로 근무하다가 1991년 퇴직했다. 1966년 붉은여우의 생태 조사를 시작해, 1972년부터 다친 야생동물의 보호, 치료, 재활 훈련에 전념해 오고 있다. 1979년부터 내셔널 러스트인 '오호츠크의 마을'의 건설 운동에 참가했다. 현재는 홋카이도 중앙부의 히가시카와에 살면서 작가로도 활동 중이다. 영화 〈홋카이도 여우 이야기〉의 기획과 동물감독을 맡았으며, 저서인 《새끼 여우 헬렌이 남긴 것》을 영화화한 〈새끼 여우 헬렌〉이 2006년에 개봉되기도 했다. 저서로는 《세상에서 가장 아름다운 동물병원》, 《의사 선생님, 숲에 사는 동물이 아프대요!》 등이 있다.

김창원 옮김

고려대학교 대학원 정외과를 수료하였으며, 자유 번역가로서 여러 책을 번역하였다. 주요 번역서로는 《모험도감》, 《자유연구도감》, 《생활도감》, 《자연도감》, 《세계 동물기》, 《신기한 곤충도감》 등이 있으며, 저서로는 《할아버지 아주 어렸을 적에》, 《할아버지가 보내는 편지》가 있다.

숲속 수의사의 자연일기

1쇄 - 2022년 3월 15일
2쇄 - 2022년 4월 8일
지은이 - 다케타즈 미노루
옮긴이 - 김창원
발행인 - 허진
발행처 - 진선출판사(주)
편집 - 김경미, 최윤선, 최지혜
디자인 - 고은정, 김은희
총무·마케팅 - 유재수, 나미영, 허인화
주소 - 서울시 종로구 삼일대로 457 (경운동 88번지) 수운회관 15층
　　　　전화 (02)720-5990　팩스 (02)739-2129
　　　　홈페이지 www.jinsun.co.kr
등록 - 1975년 9월 3일 10-92

※책값은 커버에 있습니다.

ISBN 979-11-90779-52-4 03830

Twelve Months in Okhotsk
Text © Minoru Taketazu 2006
Photographs © Minoru Taketazu 2006
Originally published by Fukuinkan Shoten Publishers, Inc., Tokyo, Japan, in 2006
under the title of "Twelve Months in Okhotsk"
The Korean rights arranged with Fukuinkan Shoten Publishers, Inc., Tokyo
All rights reserved

이 책의 한국어판 저작권은 JMCA를 통한 저작권자와의 독점 계약으로 진선출판사가 소유합니다.
신 저작권법에 의하여 한국 내에서 보호를 받는 저작물이므로 무단전재와 무단복제를 금합니다.

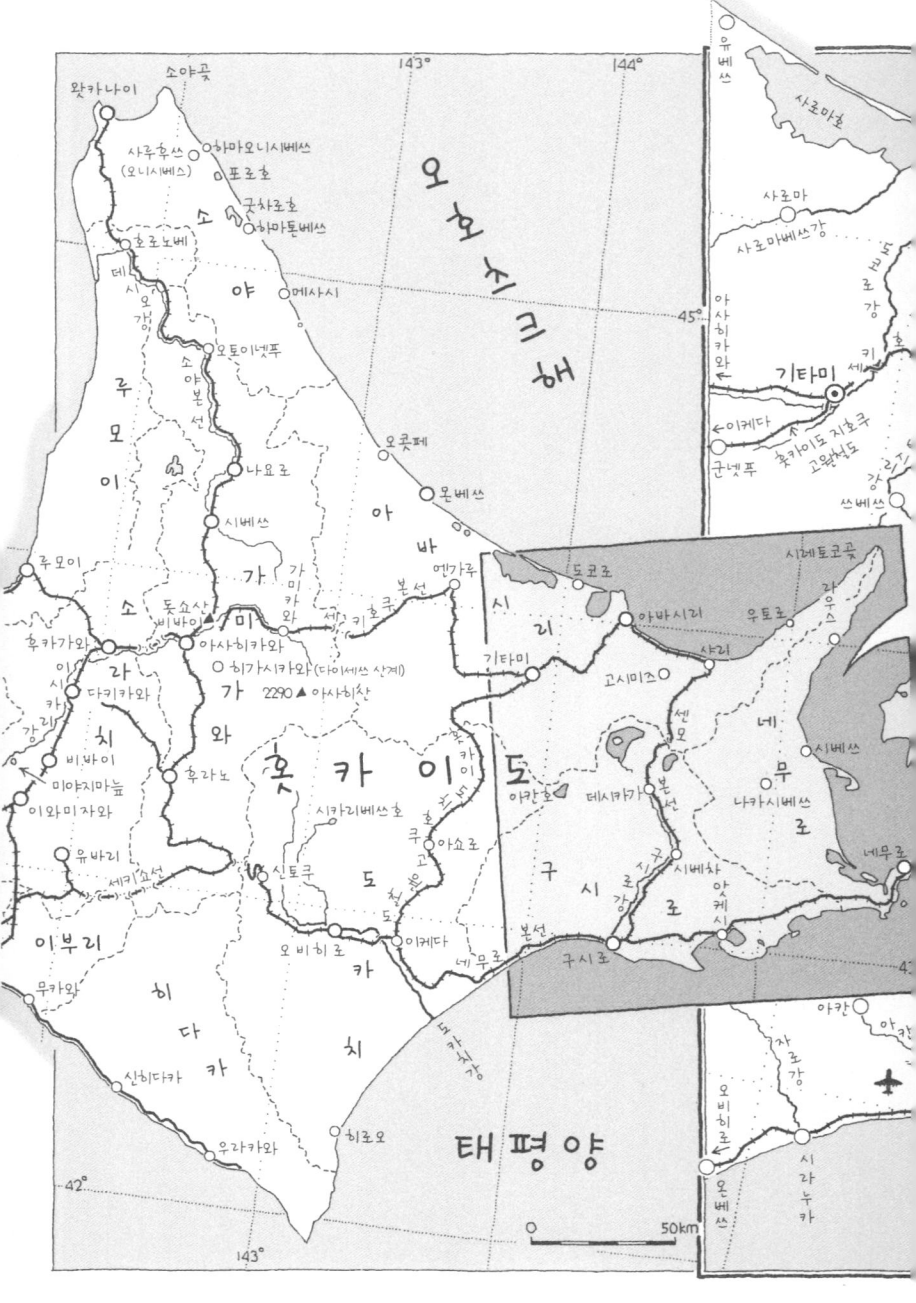